种鸡场禽白血病净化技术手册

2014年10月31日农业部于康震副部长视察北京峪口禽业实施禽白血病净化检测现场时，与孙浩总裁等峪口禽业高管及山东农业大学崔治中教授等禽白血病净化指导专家合影

北京峪口禽业副总裁刘长清、贾立才、兽医检测室主任黄秀英、山东农业大学崔治中教授等手持中国动物疫病预防控制中心颁发的“禽白血病净化示范场”认证牌合影

中国动物疫病预防控制中心于2015年秋颁发给北京峪口禽业的“禽白血病净化示范场”的认证牌，北京峪口禽业是第一个实现禽白血病净化的自繁自养鸡场

2014年10月31日农业部于康震副部长视察北京峪口禽业孵化场对出壳雏鸡逐只采样检测胎粪禽白血病病毒p27抗原的现场（1）

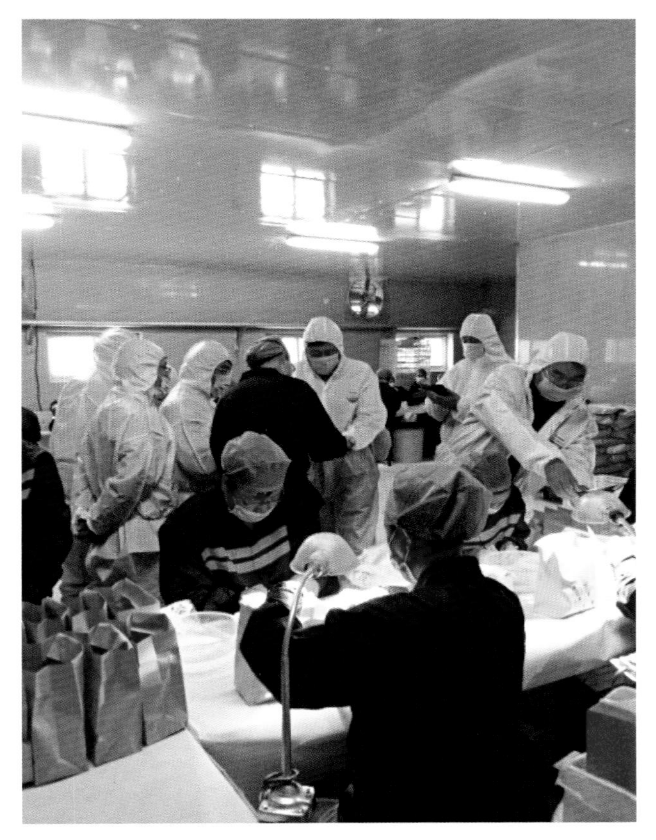

2014年10月31日农业部于康震副部长视察北京峪口禽业孵化场对出壳雏鸡逐只采样检测胎粪禽白血病病毒p27抗原的现场（2）

2014年10月31日农业部于康震副部长视察北京峪口禽业孵化场对出壳雏鸡逐只采样检测胎粪禽白血病病毒p27抗原的现场（3）

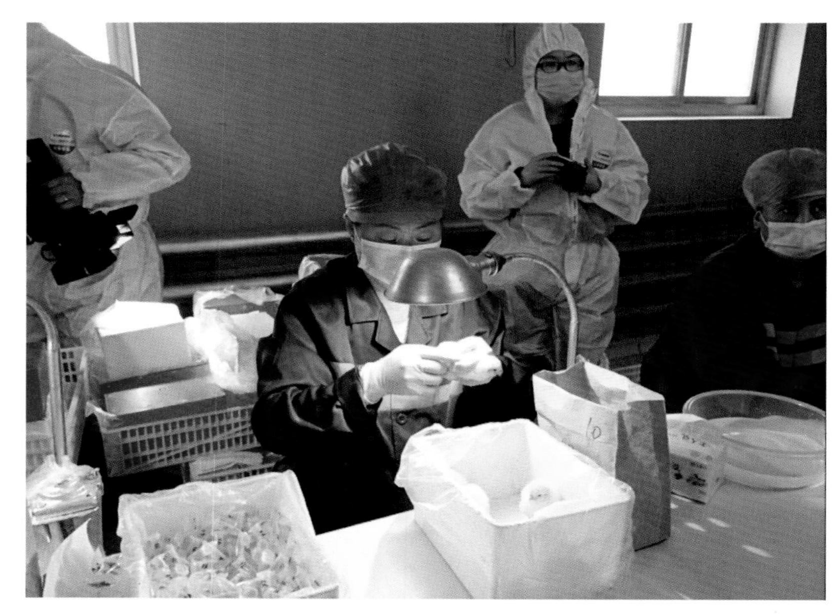

2014年10月31日农业部于康震副部长视察北京峪口禽业孵化场对出壳雏鸡逐只采样检测胎粪禽白血病病毒p27抗原的现场（4）

2014年10月31日农业部于康震副部长视察北京峪口禽业孵化场对出壳雏鸡逐只采样检测胎粪禽白血病病毒p27抗原的现场（5）

2015年11月，在实现禽白血病净化第一阶段通过验收后，北京峪口禽业总裁孙浩、负责生产的副总裁周宝贵、负责疫病防控的副总裁刘长清与山东农业大学崔治中教授共同讨论协商禽白血病净化进入维持净化的第二阶段的实施方案的细节

由孙浩总裁和崔治中教授对禽白血病净化第二阶段实施方案联合签署后，刘长清副总裁与崔治中教授手持实施方案文本合影

种鸡场禽白血病净化技术手册

崔治中　编著

中 国 农 业 出 版 社

前 言

在过去二十多年中，禽白血病给我国各种类型的鸡群带来了很大的危害。经过连续多年采取检疫和净化的措施，我国白羽肉鸡和蛋用型鸡的禽白血病得到了有效控制，近三年来不再有典型的病例发生，成为我国在近几十年内首个不使用疫苗仅采取种源净化和鸡场生物安全手段有效防控的动物疫病。但在大多数黄羽肉鸡和我国固有的地方品种鸡群中，禽白血病还在流行和蔓延，在有些鸡场仍造成严重的肿瘤、发病死亡。因此，许多黄羽肉鸡种鸡场和地方品种鸡保种场都开始启动了禽白血病净化程序。在国务院颁布的《国家中长期动物疫病防治规划（2010—2020）》中，把禽白血病列为必须净化的疫病之一。

在过去十年中，笔者在协助一些种鸡场开展禽白血病净化的过程中积累了不少资料和经验。为便于更多的种鸡场有效地实施禽白血病净化，笔者在过去几年分别通过出版图书、发表文章的形式介绍禽白血病的净化程序，如2015年中国农业出版社出版的《禽白血病》，《中国家禽》2015年23期上发表的“我国种鸡场禽白血病净化程序”。但禽白血病的净化是一个复杂的过程，它不仅涉及兽医技术人员，还涉及企业高管特别是总经理、种鸡场管理人员，也涉及政府主管部门的官员。为此，笔者结合过去多年在各地就禽白血病净化做讲座过程中与来自基层鸡场的听众交流过程中的经验，将与种鸡场禽白血病净化相关的主要问题以一问一答的形式写出来，以便于养鸡业的企业高管、种鸡场管理人员、兽医技术人员从中选择感兴趣的问题参考研讨。笔者将过去几十年实验室研究和指导鸡场预防控制禽白血病方面的经验汇集在此，希望能对我国的养鸡业预防控制禽白血病有所帮助。

前言

目　录

第一章

种鸡场禽白血病防控和净化技术方案（version 4.0）

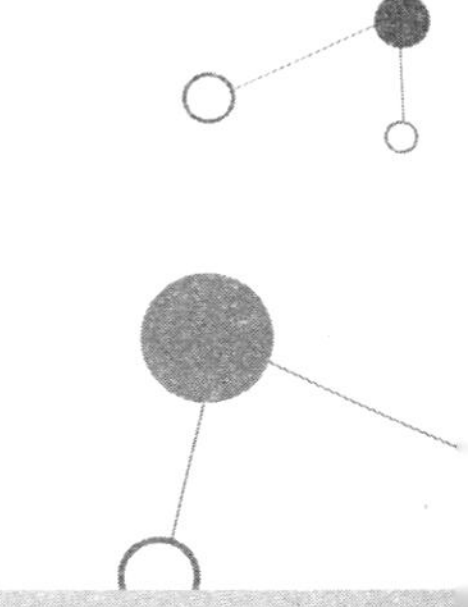

第一节 原种鸡场核心群外源性ALV的净化

一、我国不同类型原种鸡场核心群净化ALV的迫切性和长期性

不同类型不同品系原种鸡场核心群的外源性ALV净化，是预防禽白血病最基本、最重要的一环。经过近二三十年的努力，目前国际上保留下来的不同品系的白羽肉用型种鸡群或蛋用型种鸡群都已基本净化了各种亚群的外源性禽白血病。但即使如此，这些育种公司仍然通过抽检的方法继续监控核心群中是否会出现新的外源性禽白血病病毒感染。

但在我国，全国各地还饲养着不同品种的地方品种鸡及培育的黄羽肉用型鸡和蛋用型鸡。由于历史原因，我国自繁自养的这些鸡群大多都不同程度感染了经典的A或B亚群ALV，还有更多的鸡群感染了中国或东亚地区固有的、近几年发现的K亚群ALV，而且对这些地方品种鸡又从未做过任何净化工作。在过去二十年中，随着白羽肉鸡从国外传入的J亚群ALV，也传入了我国自繁自养的许多鸡群中。ALV-J感染首先在培育型黄羽肉鸡中流行，而且这种感染日趋严重并且已经造成明显的经济损失。ALV-J虽然只是最近十年才进入我国各地的纯地方品种鸡，但其蔓延和发展的趋势很快，有些纯地方品种鸡群ALV-J的感染率已相当高，且也开始表现典型的髓细胞瘤和其他禽白血病的病理变化。显然，我们有必要在一些有价值的地方品种鸡群中，特别是保种用的地方品种鸡中尽快启动ALV的全面净化。然而，由于我国地方品种鸡的种类繁多、分布面广，即使仅对所有列入品种名录的地方品种鸡实施ALV净化，仍有很长的路要走。这些鸡的总饲养量不算大，但是，如果这些鸡群不净化ALV，那它们对其他已实现净化的规模化养殖场来说，又是一个长期存在的威胁。因此，从政府层面和行业管理来说，必须在全国范围内对各类鸡群的ALV净化提出相应的规定，并依靠市场的力量逐渐推行和实施。

二、原种鸡场核心群外源性ALV的净化规程和操作方案

对于各地各个不同原种鸡场核心群的禽白血病净化来说，并没有一个完全相同的标准方案，但有两个共同的因素是必须考虑的，一方面，在每个世代要尽最大可

能检出和淘汰外源性ALV的带毒鸡，对每个世代的净化程度越高，那么实现完全净化的周期也越短，因而总体费用也越低；另一方面，没有哪一种方法能一次把鸡群中的感染和带毒鸡都能检测出来，而且不同方法检测出的带毒鸡也不会完全一致。对不同样品在不同的发育时期增加检测的次数，同时采用不同的检测方法，可显著提高检出率，虽然这会增加净化的成本和工作量，但可加快进化的速度。

从2005年以来，我们研究团队开始关注并建议我国一些自繁自养的育种公司开展外源性ALV的净化。在我们研究团队主持实施全国行业专项经费研究项目《鸡白血病流行病学和防控措施的示范性研究》和《种鸡场禽白血病防控与净化技术的集成和应用》过程中，在吸收跨国养鸡育种公司在净化ALV方面的经验和教训的基础上，利用现代先进技术，提出了适合我国养鸡场实际情况的净化方案，用于指导一些大型育种公司核心群的净化。在过去几年中，已有三个分别属于蛋用型和黄羽肉鸡的育种公司十多个品系的核心群基本实现了净化，还有几个原来ALV-A/B和ALV-J感染很严重的鸡群仅经过1～2个世代的净化，就已显著降低了感染率。我国地方品种鸡，在原来感染率很高的条件下，有数个品种鸡群经过2～3个世代的严格净化，也基本实现了净化或把感染率降到了很低的程度。

在指导几个不同类型的自繁自养育种公司核心种鸡群净化过程中，我们研究团队逐渐形成并不断改进了净化操作程序。下面将具体地介绍鸡群禽白血病净化规程和操作方案、检测与净化流程。为了最大限度地提高从每一世代鸡群中对感染鸡的检出率和淘汰率，同时考虑到检测成本和效率，我们建议根据鸡性器官发育成熟过程，对每一世代的种鸡分四个阶段进行逐一检测并淘汰阳性鸡。对一个刚刚开始净化的种鸡群，可以从任何一个阶段开始。下面是我们建议的最有效的程序。

（一）23～25周龄留种鸡开产初期检测和淘汰

初产期属于鸡群禽白血病病毒排毒高峰期，因此取初生3枚蛋用ALVp27抗原ELISA检测试剂盒对蛋清做p27抗原检测，淘汰对应的阳性鸡。公鸡可采集精液检测p27抗原，淘汰阳性鸡。如果有些遗传背景的品种鸡的精液中p27假阳性率太高，则应对精液做病毒分离，以病毒分离的结果为准。对每只后备种鸡（包括种公鸡）分别采集血浆接种DF－1细胞分离病毒，培养9天后用ALVp27抗原ELISA检测试剂盒逐孔检测p27抗原或通过IFA逐孔检测感染细胞。淘汰阳性种鸡。如果后备种鸡是小群饲养，同一小群中如有一只为阳性，淘汰该小群所有鸡。

在净化的第一世代，在感染严重的鸡群，如果最后的阴性鸡数量太少，这一条可酌情处理，见本节（四）。

（二）40～45周龄留种前检测和淘汰

取2～3枚蛋对蛋清做p27抗原检测，淘汰阳性鸡。公鸡可采集精液检测p27抗原，淘汰阳性鸡。如果有些遗传背景的鸡品种的精液中p27假阳性率太高，则应对精液做病毒分离，以病毒分离的结果为准。其余鸡随即采集血浆接种DF-1细胞分离病毒，培养9天后用ALVp27抗原ELISA检测试剂盒逐孔检测p27抗原或通过IFA逐孔检测感染细胞，淘汰阳性种鸡。

在感染严重的核心种鸡群，经这一轮检测淘汰后，很可能剩余的种鸡在数量上不能满足个体遗传多样性的育种原则，但也要从严淘汰。作为替代方案，对于该核心鸡群中拟被淘汰的鸡，不一定是真正不作种用。对于其中生物学性状确实优秀的个体，仍然可以保留，但必须与所有阴性鸡隔离饲养。从这些检测阳性的种鸡采集的种蛋必须单独孵化，相应雏鸡按同样的净化程序单独隔离饲养，从由此长成的下一代育成鸡中仍可筛选出阴性鸡，然后再并入前一世代筛选出的同一品系阴性鸡群。在严重感染的核心群第一轮净化过程中有可能会遇到这种情况。

（三）种蛋的选留和孵化

经上面“（二）”项留种前检测后，淘汰阳性鸡。对选留的每只母鸡，应从选留的公鸡群中选择1只公鸡的精液进行人工授精，不要将不同公鸡的精液混合再进行授精。在规定时间留足种蛋，每只母鸡产的所有种蛋均标上同一母鸡号。在置入孵化箱时，同一母鸡的种蛋要放置在一起。在孵化18天后（出壳前），将每只母鸡所产种蛋置于同一标号的专用纸袋［纸袋要求详见下面“四（二）”］中，再转到出雏箱中出雏。所有雏鸡作为净化后的第一世代。

在感染严重的鸡群，在净化的第一世代，检出的阳性鸡往往很高，如果淘汰所有阳性鸡，留下的阴性鸡的数量低于保持该核心鸡群的遗传多样性的最低数量。在这种情况下，可以将选留的阴性鸡单独隔离饲养，而将阳性母鸡中选留一部分生产性状优良的个体，用阴性公鸡中的不同个体来源的精液进行人工授精或自然交配。然后，采集受精种蛋进行第二次孵化。但是，对这批孵化出的雏鸡，应在育雏、育成和产蛋阶段与原阴性鸡群的后代隔离饲养。然后再按常规检测和淘汰，将选出的阴性鸡的后代并入在第一世代中就确定为阴性的鸡群。这样既保证了留种鸡群的净化度，也保证了净化鸡群的数量及其遗传多样性。

（四）第一代出壳雏鸡胎粪检测和淘汰

在出壳前，将每只种鸡的种蛋置于同一出壳纸袋中，用棉拭子逐只采集1日龄雏鸡胎粪，置于小试管中。在对一只母鸡的雏鸡采集完胎粪后，必须更换手套，或彻底洗手消毒。用ALVp27抗原ELISA检测试剂盒检测胎粪p27抗原（具体操作方法将在后面详述）。要注意，同一只母鸡所产雏鸡中，只要有一只阳性，即要淘汰同纸袋中的其他所有雏鸡，同时淘汰相应种鸡。

对选留的雏鸡，以母鸡为单位，同一母鸡的雏鸡放于一个笼中隔离饲养。每个笼间不可直接接触，包括避免直接气流的对流。饲养期间要采取避免横向传播的各种措施（详见第三节）。

对选留鸡选用的弱毒疫苗，必须经严格检测，保证无外源性ALV污染（详见第四节）。

（五）育雏后期（6～10周龄）采集血浆进行病毒血症检测和淘汰

育雏后期，可先进行生物学和生产性状的肉眼评估，淘汰不合格的鸡，然后再逐只采集血浆，接种DF-1细胞分离病毒，培养9天后用ALVp27抗原ELISA检测试剂盒逐孔检测p27抗原或通过IFA逐孔检测感染细胞（具体操作方法见附件）。如果病毒分离为阳性，其同胞鸡全部淘汰，阴性鸡作为后备鸡进入育成期。

对选留的后备种鸡，仍应维持小群隔离饲养。例如，每群50只左右，也要尽量使同一母鸡的后代置于同一个小群中。当然，也可小笼饲养，同一笼的鸡应来自同一母鸡。这一过程可根据不同公司的不同育种程序做适当的调整。

对育雏后期采血分离病毒的周龄的选择要考虑到容易分离到病毒的最适周龄，这因鸡群的遗传背景不同和鸡群内ALV流行毒株的特性不同而不同。在大型育种公司，应先做一个预备试验来评估每个特定鸡群的最适周龄。

（六）净化后第一世代留种鸡开产初期（23～25周龄）检测和淘汰

操作同（一）。如果病毒分离为阳性，其同胞鸡全部淘汰。如果留种鸡的数量足够，同一小群同笼的鸡也应全部淘汰。

（七）净化后第一世代留种前（40～45周龄）检测和淘汰

操作同（二）。

（八）第二世代鸡的检测和淘汰

对经上述（一）到（七）步检测淘汰后种鸡的出壳雏鸡，作为净化后第二世代鸡。继续按（四）到（七）的程序，实施第二世代的检测和净化。第三世代以后，视净化的进展程度可按此程序继续循环进行，但应视净化的进展程度逐渐调整。

（九）检测阳性阈值的调整

在全群不再检测出阳性，或阳性率很低时，可酌情调整阳性s/p阈值，即要开始从严淘汰。例如，从s/p值为0.2代表阳性予以淘汰，调整s/p值达到0.15时就予以淘汰，甚至可以在s/p值达到0.1时判为淘汰标准。这是因为ELISA检测p27时，试剂盒规定以s/p值0.2为阳性，这是在对大量已知样品（ALV感染鸡和未感染鸡）检测结果的统计分析比较的基础上确定的一个数值。由于该技术的读数本身就有一定的误差波动，可能有少量略高于0.2的样品不一定是真阳性，也有可能感染程度较低的样品会略低于0.2，从而被漏检。在开始净化的起始阶段，如果感染率较高、淘汰率较高，我们当然要按照试剂盒说明书规定的判定标准来淘汰阳性鸡。但随着净化的进程至阳性率很低时，为了避免假阴性，以及最大限度降低漏检的可能性，淘汰一部分可疑感染鸡是必要的。由于这样的数量并不大，从育种角度来说也是可以接受的。在一些ALV感染率较低的鸡群，即使在净化初期，也可按这一原则处理。

（十）净化程序启动阶段的选择

以上程序只代表一个循环的全部过程，并不代表必须按此先后次序实施。由于这是一个循环过程，各鸡场可以根据净化计划开始实施时期的不同，从（一）到（五）不同的阶段开始。但考虑到检测的工作量和效率，对于一个从未净化过的鸡群特别是感染较严重的鸡群，建议从（一）开始。

（十一）净化状态的维持

实施上述完整的对核心群逐一检测和淘汰的程序，工作量很大，成本也很高。根据国外成功的经验，当一个核心群连续3个世代都检测不出ALV感染鸡后，可转入维持期。在进入维持期后，就无需再对每只后备种鸡按上述进行所有检测步骤。可改为对一定比例鸡的定期抽检，如从30%到10%再降至5%左右，而且也不一定要用细胞培养分离病毒，仅仅采用操作上比较简单的胎粪检测和蛋清p27抗原检测即可。当然，在这方面我们只有有限的直接经验，还有待于今后逐渐摸索。

三、小型自繁自养黄羽肉鸡或地方品种核心种鸡群净化的过渡性方案

现在我国大多数自繁自养黄羽肉鸡或地方品种的种鸡群都已不同程度地感染了ALV-J和（或）其他亚群外源性ALV，有的已发生临床病理表现并造成明显经济损失。这些种鸡公司有的规模很大，品系集中，可以考虑采用上文“自繁自养的原种鸡场核心群的净化程序和方法”建议的净化程序，采用最完整最严格的检测淘汰程序。但大多数公司的规模还不够大，经济实力还不够强，可能无力承受该净化程序的成本，更没有技术力量和条件做细胞培养分离病毒。这时可采用相对简化的检测淘汰程序作为过渡。这只能尽量降低感染率，从而减弱对后代的垂直传播，并相应减少经济损失。但这只是一种权宜之计，不能真正彻底净化鸡群。

在这类种鸡场，可仅仅采用上述步骤的“（一）”和“（三）”进行胎粪p27抗原检测并对种蛋蛋清进行p27抗原检测。或者更简单地，只检测种鸡种蛋蛋清p27抗原。但这只能作为不得已的过渡期，如果长期如此，也会被市场淘汰。要实现彻底的净化，还必须严格按上面“二”中的所有步骤实施。

四、核心群ALV净化过程中种蛋选留、孵化出雏及育成过程中的注意事项

（一）种蛋入孵前的准备

入孵种蛋数量估算：种蛋入孵数量和批次取决于所选择的鸡种留种育雏所需的数量、受精率和孵化率。如果需要5 000只有效母雏鸡，假设受精率、孵化率、母雏率分别为80%、80%和45%，那么需要入孵的种蛋数是：5 000÷（80%×80%×45%）=17 361只。

在此计算的基础上，还要根据相关种鸡群的ALV感染率，对雏鸡胎粪检测可能的阳性淘汰率做出评估。在感染严重的鸡群，由于在留种前已根据病毒分离和蛋清p27淘汰了阳性鸡，假设漏检率有10%，那么为保证在这一世代随后的检测淘汰

中还有足够的留种数量，对入孵的种蛋数在上一段计算的基础上增加10%～15%就够了。在感染严重的种鸡群，如果一次孵化不能满足育种需要的有效雏鸡量，可准备第二次留种孵化。

种蛋的收集和编号：每天从留种的核心群（通常为检测后保留下来的假定感染阴性鸡）收集种蛋，随即在蛋壳上用记号笔注明母鸡的编号，同为一母鸡产的蛋均放入同一蛋盘里，以便在孵化器中排在一起。

入孵前准备：种蛋在入孵前需进行熏蒸消毒，ALV抵抗力低，用常规的消毒剂即可。

（二）出壳前准备

初检前准备：雏鸡出雏后，纸袋从孵化器拿出，及时放入检测室待检，并确保检测室维持在育雏室规定的温度。按净化原则，同一母鸡的后代，只要有一只胎粪检出阳性，该母鸡的所有雏鸡全部淘汰。因此，在孵化后期将种蛋转入出雏器时，需将同一只母鸡的种蛋置入同一出雏袋中，并写上母鸡的编号。出雏袋是用类似于快餐店用于摆放熟食的防水牛皮纸或其他材料做的袋子，纸袋需有一定的厚度、坚固度和耐水性，厚度约0.15毫米，大小约22厘米×18厘米。在高于雏鸡高度以上的位置，在纸袋的四周打出10～12个直径约1厘米透气孔。对纸袋打孔的要求是，不能低于鸡的头部，孔径不要太大。核心要点是，不能让纸袋里的鸡能将鸡头伸出纸袋上的小孔。为避免纸袋底部光滑伤害雏鸡腿脚，在纸袋底部加一层有吸水性且防滑的垫层。

（三）雏鸡（假设为净化后第一世代）胎粪的采集和检测

对出雏袋中刚出壳的每只雏鸡，在翻肛做性别鉴别的同时，用棉拭子逐只采集雏鸡胎粪，置于小离心管中，并立即置于液氮中速冻后取出自然融化，后用ALVp27抗原ELISA检测试剂盒对胎粪检测p27抗原。胎粪采集后，给每只鸡带翅号，要由专人负责发翅号、专人记录和佩戴翅号。戴完翅号后，仍然是一只母鸡的雏鸡装入同一新的袋内，并做好标识与记录。存放在温度为23～25℃的环境下，等待检测结果。在对一只母鸡的雏鸡采集完胎粪和佩戴翅号后，必须更换手套，或彻底洗手消毒。

要注意，同一只母鸡所产雏鸡中，只要有一只阳性就应淘汰同纸袋中的其他雏鸡（不作种用），同时淘汰相应种鸡。

（四）选留雏鸡的饲养管理

对选留的雏鸡，按常规要求进行疫苗免疫注射。以母鸡为单位，同一母鸡的雏鸡放于一个笼中隔离饲养。每个笼间不可直接接触，包括避免直接气流的对流。饲养期间要采取避免横向传播的各种措施。

对选留鸡选用的所有弱毒疫苗，必须经严格检测，保证没有外源性ALV污染。为避免不同母鸡后代间的交叉感染（经检测保留的阴性鸡，都只能是假设的阴性鸡，不能保证绝对是阴性），每免疫接种完一只母鸡的后代，都需要洗手消毒并更换针头一次。

（五）对雏鸡胎粪检测时间的控制

应在出雏后12小时以内完成。ELISA本身需要4～5小时，在合理组织人员的情况下，考虑到大批量出壳时间并不整齐，是可以在出壳高峰期后12～18小时内完成的。在ELISA检测过程的等待期间，要注意保持房间的湿度和温度符合雏鸡的生理要求。

（六）各个相关环节的消毒

孵化环节的控制：孵化厅是造成禽白血病水平传播的重要场所，因此，对孵化环节的控制至关重要，需从细节入手，阻断一切可能造成水平传播的途径。对净化鸡种蛋的孵化，要使用专用的孵化厅、孵化器和出雏器。

种蛋管理：种蛋库在进种蛋前，先进行0.05%铵福喷雾，再进行一次严格的熏蒸消毒。进入种蛋库人员必须经过沐浴并更换消毒合格的防疫服方可进入；孵化盘经0.05%铵福消毒液浸泡消毒，并用甲醛熏蒸30分后才可使用；孵化车应彻底冲洗干净，并用0.05%铵福喷雾和甲醛熏蒸消毒；电子秤必须经过甲醛熏蒸消毒方可放入。除专门规定人员外，其他任何人员严禁进入种蛋库。种蛋库隔天用甲醛加热法熏蒸40分钟。每天用1%次氯酸钠消毒液擦拭地面，并用0.03%瑞特杀喷雾消毒一次。所有规定人员在进入种蛋库时必须踩踏消毒盆，用消毒液洗手消毒，药液为0.05%铵福。设专人单独挑选和码放种蛋，并详细记录。

种蛋入孵：在种蛋入孵前将孵化机彻底冲洗干净，0.02%瑞特杀喷洒消毒，并用甲醛熏蒸消毒；每天使用专用消毒泵对孵化室用0.03%瑞特杀喷雾消毒一次，地面每4天用1%次氯酸钠擦洗一次，并泼洒少许甲醛。

落盘验蛋：确定出雏室、出雏器干净无菌，对出雏室、出雏器、落盘验蛋等用具，先用0.02%瑞特杀喷洒消毒，并用甲醛熏蒸消毒。设计专用出雏袋，按照1只母鸡后代的全同胞进行装袋落盘，每袋装5～6枚种蛋。

出雏前准备：出雏前，将出雏场地及各种用具全部用0.02%瑞特杀喷洒消毒一次，并按每立方米加入28毫升甲醛和14克高锰酸钾熏蒸消毒1小时以上。这一消毒方案只是一个建议，由于ALV对多种理化因子的抵抗力都很弱，种鸡公司可按现行的消毒程序进行。

（七）育成期传染源的控制

禽白血病虽然为垂直传播性疾病，但防止其水平传播同样重要，尤其是育雏期的前2周。做到最大限度的隔离是行之有效的方法，育雏和育成阶段采取按家系上笼，小群饲养。产蛋鸡阶段采取单笼饲养，跟踪检测。

饲养设备的设计和利用：在育成期饲养阶段，笼位、饮水器、料槽、粪盘的设计都要做到单家系独立使用，同时笼位大小和位置的设计既要保证净化各阶段鸡群容纳数量，又要保证不同家系间“只闻其声，不见其面”，防止禽白血病水平传播。

（八）育成鸡的转群

转群前进行外型选择和病原检测，及时淘汰阳性鸡。转群人员提前入场进行隔离，减少外来病原体的侵入。每笼鸡在转群的过程中都经过独立操作，每转完一笼鸡，操作人员需进行洗手消毒，转群设备也要进行消毒。转群时，采用隔离良好的转雏车，每运完一车都要进行彻底消毒。

五、实施净化程序中外源性ALV检测技术的选择和改进

随着现代生物学技术及设备的改进，结合我国国情的特点和需求，我们也在不断地改进与种鸡群禽白血病净化相关的检测技术。对于原种鸡场核心群的外源性ALV净化来说，由于不可能将所有带毒鸡在一次检测中全都检出，对一个污染了外源性ALV的鸡群来说，往往需要4～5个生产周期。如果能提高检出率即减少每一生产周期的漏检率，就可缩短净化周期。检测的关键点是必须将分离病毒过程中的DF1细胞培养维持9天。这是因为，大多数ALV在细胞培养上复制速度通常很

慢，特别是当接种的血浆样品中病毒含量较低时，在接种后6～7天仍有很高比例的样品达不到可检出水平。接种后需维持8～9天，检出率才有明显改善。但要将DF1细胞在接种血浆样品后持续培养9天不换液，然后再收集培养上清液用ELISA检测试剂盒检测p27，在实际操作过程中是有一定难度的。这一技术并不复杂，但需要一个训练有素且经验丰富的实验员来操作才易成功。否则，或者在七八天时细胞单层脱落无法检测，或个别血浆样品污染后影响整块细胞板的检测。而且，由于ALV生长复制很慢，当接种样品中病毒含量很少时即使持续培养9天，取上清液进行p27的ELISA检测也不一定达到阳性水平。为了改进检测技术，我们已在以下几方面做了进一步的改进研究。这就要能够从市场上选择最灵敏的p27抗原ELISA检测试剂盒，或用特异性抗体进行IFA检测DF1细胞培养中的ALV感染。

第二节　祖代或父母代种鸡场禽白血病感染的防控

在我国，不论种鸡是哪种类型、是从国外引进还是从国内其他公司引入，基本都属于祖代或父母代这一范畴的种鸡场。这类种鸡场对ALV的净化只是广义上的净化。实际上，种鸡场只需要做到选择引入净化的种源和监控并维持引进种鸡群的净化状态。我国大多数祖代和父母代种鸡场都属于这一净化范畴。 对于大型商品代蛋鸡场来说，也可参照这一程序，不再单独叙述。

一、选择净化的种源引进鸡苗

在现代规模化养鸡生产中，不论是蛋用型鸡还是黄白羽肉用型鸡，分别有商品代、父母代、祖代和曾祖代（及其核心群）不同类型的鸡群和鸡场。我国前三个代次鸡的饲养数量都很大。例如，祖代鸡，每年的饲养量或更新数量约150万羽。对饲养量如此大的鸡群，是无法实施彻底的自我净化的。因此，对饲养祖代及其以下代次的鸡场来说，为了预防禽白血病，必须从无外源性ALV感染的育种公司选择和购入雏鸡。如果是从无外源性ALV育种公司购入的祖代苗鸡，只要在疫苗使用及鸡舍环境的生物安全控制上采取严格有效的措施，就能保证祖代鸡本身不会有外源性ALV感染，也就能为客户提供无外源性ALV感染的父母代雏鸡。对父母代和商品代鸡场也是如此。

为了可靠地选择种源，不论是从国际跨国公司还是国内公司引种，首先要根据提供种鸡的育种公司的信誉度、历年引进的种鸡的实际净化状态、其他用户的反映来做出判断。特别是，应该要求供应商提供相关种鸡群在相应年龄（23周龄后）的血液病的分类和血清抗体检测报告，以及留种孵化前产出蛋的蛋清p27检测报告，或至少应提供供应商自己认为能代表ALV净化状态的证据。

如果对供应雏鸡的种鸡公司自行完成的检测报告不太放心，为了确保这些上游种鸡公司提供的鸡苗在ALV净化方面的可靠性，各下游用户公司可要求自行采样检测，特别是对新的供应商育种公司。可要求对其曾祖代鸡群或祖代鸡群采集一定数量血清样品（100～200份）分离病毒或检测抗体，并确认都为阴性。如有疑问，可采集更多样品做重复检测。有些上游种鸡场可能由于生物安全原因不会让客户到上一代种鸡场亲自去采集种鸡血液样品，而采购方又不相信供应方采集提供的血液样品，这时采购方可以直接检测上一代种鸡场提供的雏鸡苗。通常出壳后36～48小时，雏鸡血清中对ALV-A/B及ALV-J的抗体水平与其相应种鸡的血清抗体水平有很高的平行性。或直接从种蛋的卵黄中检测ALV抗体。只要方法得当，卵黄抗体与种鸡血清中的ALV抗体也有较高的相关性，但要检测的数量较大，如200只左右；否则，不容易发现阳性样品。当然，应该考虑到检测血清抗体时有时有较多的假阳性反应，特别是当发现ALV-A/B或ALV-J的血清抗体阳性率较高时，可以应用病毒分离法来进一步来确认感染状态。如采集雏鸡血分离病毒，或直接从供应商种鸡场收集受精蛋，在孵化10～12天时将每个胚胎制成成纤维细胞进行培养，直接检测细胞p27来判定有无ALV感染，并进一步扩增囊膜糖蛋白gp85基因确定是否有外源性ALV感染。

此外，同时要求供应商提供初产种蛋（100～200个），检测其蛋清中p27抗原。根据我们近几年的经验，在一个对外源性ALV实现了净化的种鸡公司，其种蛋蛋清中p27均为阴性。但是，如果出现很低比例的阳性，（如<1%），而且阳性样品在ELISA中的s/p值往往仅略高于可判为阳性的临界值，这只能勉强判为阳性。在这种情况下，可采集更多样品做重复检测。当然，涉及遗传背景复杂的我国地方品种鸡时，在其种蛋蛋清中是否有较高的内源性ALV产生的p27从而产生假阳性反应，还有待进一步研究，但在我们近几年正在净化的几个地方品种鸡中还没有发现这个问题。

至于泄殖腔棉拭子p27的检测，只能供参考，因为对这种样品检测时，常常会有一定比例的假阳性。有些遗传背景的品系鸡的假阳性率还相当高，因此，不宜作为检测对象。相对来说，对胎粪p27抗原检测时，假阳性的比例要低得多。但鸡苗运到客户鸡场时，已采集不到胎粪了。

不论是对血清抗体的检测还是对p27抗原的检测，选择最好的商品化试剂盒是很重要的。检测试剂盒既要灵敏度好、检出率高，又要特异性好（即没有假阳性或假阳性很低）。不同公司生产的同类试剂盒在质量上可能有很大的差异，即使是同一公司，不同批次的同一产品间质量上也会有差异，有时这种差异很大。因此，需要不断对它们做比较试验。如何比较和判断试剂盒质量的好坏，具体方法见第二章第二节。

二、定期检测和监控引进种群的感染状态

即使在引种前，已对上游种鸡场做了相应的检测，但也不能保证鸡群在饲养过程中永远没有问题。一是对上游种鸡群的检测都只是抽检，不能排除漏检的可能性。此外，由于鸡场本身的原因，鸡群也会被感染，如使用了被外源性ALV污染的疫苗，或同场引进了不同来源的鸡等。对引进的种群在饲养过程中进行定期检测，随时了解该批鸡ALV的感染状态，不仅对该群鸡本身很重要，更重要的是可保证其下一代在ALV感染方面的洁净度。一方面，这可为下游客户提供他们需要的种鸡群的检测报告。另一方面，一旦发现呈现ALV感染阳性，可及时采取措施，必要时甚至淘汰该群鸡或转为商品代蛋鸡。这是对下一代客户鸡场负责任的一种表现，同时对于保护和维持一个种鸡场在客户中的信誉也是极为重要的。如果自觉或不自觉地将带有外源性ALV感染的种鸡群所生产种蛋孵出的雏鸡销售给客户，不仅会给客户带来很大的直接经济损失，同时也可能把种鸡公司自身带入经济纠纷，严重伤害自己的商业信誉。

为了掌握种鸡群是否有外源性ALV感染，通常可在种鸡群开产后，在将要对收集的种蛋孵化时，采集200份左右血清样品，用商品化的ELISA试剂盒分别检测ALV-A/B及ALV-J抗体。同时，采集种蛋，用商品化的ALV-p27抗原检测试剂盒检测蛋清中的p27抗原。此后，还要定期抽检（1%左右）血清样品中ALV-A/B或ALV-J抗体及种蛋蛋清的p27抗原。虽然现在农业部规定的标准是每个检测项目指标的阳性率应<1%。同样，对于血清抗体的检测结果，只能作为参考，不宜作为下结论的依据，因为现有的试剂盒检测抗体时常有假阳性。但是对于商业运作来说，

市场的竞争是第一标准。随着养鸡业对防控禽白血病重视程度的提高，客户们会选择洁净度最好的种源，而不仅仅是达标的种源。

对于饲养和经营进口白羽肉用型鸡的祖代种鸡场或蛋用型祖代种鸡场，如果血清抗体阳性率或蛋清p27抗原阳性率超过1%时，应请专业实验室对一定数量血液样品（如100～200份）做进一步病毒分离，以确定相关的抗体阳性或p27抗原阳性鸡群是否真有外源性ALV感染，再决定相应对策，包括与相应的跨国公司交涉。

在现阶段，我国自繁自养自行培育的黄羽肉鸡或地方品种鸡的大多数鸡场，其血清中ALV抗体或蛋清中p27抗原的阳性率均高于1%时，也应咨询专业实验室和专家以采取相应的措施。

三、预防横向感染维持种鸡群净化状态

上面提到了，即使引进的鸡苗完全没有外源性ALV感染，但由于鸡场本身管理上的原因，鸡群也会被横向感染，这种横向感染主要有如下两个可能性：

（一）防止同场其他来源鸡群的横向感染

虽然ALV的横向传播能力很弱，但也不是不可能。特别是在我国鸡群中主要流行的ALV-J，其横向传播能力比经典的A、B亚群ALV要强得多。因此，对于种鸡场来说，不论是祖代还是父母代，一定要严格实施全进全出，即同一个鸡场，在同一时期只能饲养同一批来源的鸡。注意，这里讲的不仅是同一来源，还必须是同一批。如果我们回忆一下在2009年全国不同省份蛋鸡暴发禽白血病时，当时首先被投诉的就是位于山东肥城县的某外资经营的祖代鸡公司。该公司就是在同一鸡场内同时饲养着不同批次不同来源的祖代和父母代种鸡。该公司不仅在同一鸡场同时饲养不同代次、批次的种鸡，并且共用孵化厅，这使问题更加严重。因为在孵化厅，更容易引起刚出壳雏鸡的横向感染。

（二）避免使用被ALV污染的疫苗

因疫苗中污染的ALV的量和致病程度不同，其危害性表现也不同，但其危害的严重性是相同的，即可能完全破坏鸡群原有的净化状态。对于现有的鸡群来说，即使是注射了被ALV污染的疫苗，可能会有少数鸡在成年后出现肿瘤的表现，但比例不会太高，除非在1日龄鸡接种的疫苗中污染了大量致病性很强的

ALV。但即使没有肿瘤发生，这可能会在一部分鸡诱发抗体，将使整个鸡群从ALV感染阴性转变为阳性，谁敢让这群鸡继续作为种鸡用？当你对客户出具该群鸡的真实的血清抗体检测结果时，怎么能被市场所接受？谁敢承担将来可能发生经济纠纷的责任？

通常，凡是用鸡胚或鸡胚来源细胞作为原料生产的疫苗都有被污染的可能，尤其要注意的是在1日龄使用的液氮保存的马立克病毒细胞结合苗，其次是禽痘疫苗。

在下面的第四节，还将对此分别做详细叙述。

第三节　种鸡场要有科学合理的繁育和饲养管理制度

一、核心种鸡群的鸡舍应完全封闭

虽然ALV的横向传播能力很低，但由于建立和维持一个无外源性ALV感染的原种鸡核心群的成本很高，一旦污染，实施再次净化所需周期也很长，因此需要有一个良好的生物安全的隔离环境。考虑到同时还要预防其他传染病，不仅种鸡场应有相对隔离的地理位置，要远离其他鸡群，而且鸡场原种鸡不同品系的每一个核心群都应在相对封闭的鸡舍中饲养。说得具体一点，要达到饲养SPF鸡的洁净环境。

由于其他鸟类，包括一些野鸟也能携带ALV，鸡舍必须严防野鸟的闯入。虽然现在还没有昆虫能传播ALV的证据，但由于与ALV类似的另一种反转录病毒REV能经蚊子等昆虫传播，仍然建议鸡舍应有预防蚊子等昆虫进入鸡舍的措施。此外，预防鼠类进入的措施也是必要的。

二、引进种鸡前必须做最严格的ALV检疫

从育种角度看，即使是商业化经营的大型育种公司，针对其生产性能最优秀的品种，有时也要从其他来源引进其他种鸡，以保持种群必要的遗传多样性，并为进一步改良性状提供必要的遗传基础。但是，当需要从其他来源引种时，对选定的候选鸡群，在引进鸡场前必须对其ALV感染状态做严格的检疫，而且这种检疫绝不能仅是一次性的。如前所述，鸡在感染ALV后的病毒血症或排毒是间歇性的，而

且没有一种方法能一次性把鸡群中的感染和带毒鸡都能检测出来。因此，至少要检测到性成熟开始产蛋时。

在ALV-J全球传播过程中，我们可以清楚地看到不经检疫的引种带来的问题。实际上，在1988年在英国发现ALV-J后的几年内，ALV-J之所以能在几年内蔓延至全球各国几乎所有大型白羽肉鸡的育种公司的原种核心鸡群中，显然与所有公司都在相互引种改良生产性能直接相关。当时，由于经典的ALV-A/B在白羽肉鸡中感染不严重也很少造成发病死亡，对ALV-J更是一无所知，育种公司在引种时并不在意对ALV的检疫。随着种鸡在育种用的核心鸡群中的交互应用（多是在相互不知情的情况下），一旦ALV-J在一个鸡群中流行，很快传播至其他公司的白羽肉鸡群，不论相距多远，不论是否对其他传染病做了1～2个月的常规隔离检疫。因为ALV-J主要通过种蛋垂直传播，而且潜伏期可长达6个月。

ALV-J能在几年内传染我国大多数培育型快大型黄羽肉鸡，也可能与不经检疫的引种有关。在我国各地培育快大型黄羽肉鸡的初期，在不懂得禽白血病的危害性和传播途径的情况下，往往都不经检疫引进了称之为隐性白的白羽肉鸡作为种鸡，使之与不同的地方品种鸡杂交，从而在保留羽毛的黄色或杂色的同时，还能从白羽肉鸡的遗传性中获得长得大、生长快、料肉比低的优良特性。然而，在这个过程中也自然而然地把ALV-J带进了核心鸡群，并在繁育扩大鸡群的过程中，使该病蔓延开来。这导致我国几乎所有的培育型黄羽肉鸡群都感染了ALV-J，而且带来的经济损失越来越大，有时还在养殖企业间造成很大的经济纠纷。

不论是国际上的跨国育种公司还是我国培育黄羽肉鸡的过程中的上述严重教训，对我国养鸡业来说都是很深刻的。今后，育种公司在引种时必须吸取这些教训，避免发生重大的经济损失。在养鸡历史上发生的以上两次事件，给养鸡业带来极大损失。在所有种鸡公司没有净化的状态下，由于几乎所有类似的育种公司都犯了同样的错误，市场竞争压力仅来源于经济效益不同而已。但是，一旦同类育种公司基本净化或控制了ALV，如果哪个育种公司在引种时再犯同样的错误，那将可能对这个公司带来毁灭性的打击。例如，在2009年下半年，全国各地的一些商品代和父母代海兰褐蛋鸡场先后发生ALV-J诱发的髓细胞瘤和血管瘤，有的发病死亡率还相当高，进而都投诉他们的供应商北方某大型海兰褐蛋用型祖代鸡公司。据说，其原因是该祖代鸡公司从另一个已有ALV-J感染的海兰褐蛋鸡公司引进了某一品系的成年祖代鸡，导致其客户的父母代进而商品代鸡由于ALV-J感染而大批发生肿瘤死亡。最后的结果是，该海兰褐蛋鸡祖代鸡公司很快失去市场并最终完全退出市场。

三、不同来源的种蛋在孵化和出雏时必须严格分开

近些年来，ALV-J不仅传入了蛋用型鸡，也传入了我国许多地方品种鸡，这不可能是像本节“二”中提到的培育黄羽肉鸡的初期需杂交引种那样带入的ALV-J。因为蛋用型鸡不会为改良遗传性能而引进白羽肉鸡。此外，不同的纯地方品种鸡也不涉及引种改良的问题。这类鸡群最初感染ALV-J，或者是与不同类型鸡饲养在同一鸡场通过直接接触的横向感染引起，或者是通过不同类型鸡的种蛋共用同一孵化厅孵化，在出雏时直接间接接触的横向感染引起。虽然ALV的横向传播能力较弱，但仍有可能横向传播。特别是ALV-J，其横向传播性还是比较强的。因此，不仅种鸡群鸡舍必须远离其他鸡群，即使同一种群不同代次的种鸡群也应隔离饲养，因为对它们在ALV检疫方面的严格程度不同。例如，对父母代种鸡在ALV感染的检疫和监控水平肯定远低于祖代种鸡群，祖代种鸡群又低于曾祖代种鸡群等，这与对ALV感染的检疫和监控的成本较大有关。同一个育种公司，在还没有完全彻底净化的条件下，相对来说，对核心群种鸡ALV的净化度最高，因为对它们是要每只鸡逐一多次检测的，而对以后代次的种鸡群只能抽检。但曾祖代鸡群的抽检比例及其ALV净化度总是高于祖代，祖代又高于父母代。

还有更为重要的是，不仅不同来源的种鸡必须分场隔离饲养，还要避免来自不同种鸡群的种蛋在同一孵化厅孵化和出雏。这是因为，在孵化厅内最容易发生ALV的横向传播。如果不得不使用同一个孵化厅，就必须将来自不同种鸡群的种蛋在不同的时间孵化和出雏。只有在一批种蛋孵化和出雏完成并将该孵化厅彻底消毒后，才能开始另一批种蛋的孵化和出雏。对于核心种鸡群尤为如此。

第四节　严格防止使用外源性ALV和其他免疫抑制性病毒污染的疫苗

一、外源性ALV污染疫苗对种鸡群的危害性

对于鸡群禽白血病防控来说，种鸡群应用的所有疫苗绝不能有外源性ALV的污染。如果接种了被外源性ALV污染的疫苗，不仅感染的种鸡群有可能发生相应

的肿瘤或对生产性能有不良影响，更重要的是会造成一些带毒鸡，它们可将ALV垂直传播给后代，从而会在下一代雏鸡中诱发更高的感染率和发病率。如果发生在核心种鸡群时，则其危害更大。我们已在种鸡群特别是原种鸡群的净化及其持续监控上花费了很长的周期、很高的成本，一旦使用了被外源性ALV污染的疫苗，种鸡群就会重新感染外源性ALV，从而使已在净化上所做的努力前功尽弃。

此外，其他一些可垂直传播的免疫抑制性病毒，如禽网状内皮组织增生症病毒（REV）和鸡传染性贫血病毒（CAV）等，也会显著降低鸡群对ALV感染的抵抗力。当鸡群对ALV的易感性提高时，不仅感染鸡的病毒血症显著延长而且排毒期也延长，而且会提高整个鸡群对ALV的感染率，显著增加对鸡群ALV净化的难度。因此，在ALV净化程序中，对弱毒疫苗中这些病毒的污染也要给予高度关注。

二、需要特别关注的疫苗

理论上来讲，我们对用于种鸡特别是种鸡核心群的疫苗都要高度关注其是否污染了外源性ALV，但也要有关注的重点。为了预防由于疫苗污染带来的ALV感染，主要是关注弱毒疫苗，其中最主要关注的是用鸡胚或鸡胚来源的细胞作为原材料生产的疫苗。在疫苗的种类上，应高度关注雏鸡阶段特别是1日龄通过注射法（包括皮肤划刺）使用的疫苗，这是因为ALV感染对年龄和感染途径有很强的依赖性，年龄越小越易感，注射感染比其他途径易感。因此，为了防止使用被ALV污染的疫苗，首先要特别关注的是用液氮保存的细胞结合型马立克氏病疫苗。这是因为，该疫苗是在出壳后在孵化厅立即注射的，而且如果发生污染，也容易污染较大的有效感染量（包括细胞内和细胞外）。其次是通过皮肤划刺接种的禽痘疫苗。当然，其他弱毒疫苗也要关注。但前面提到的两种疫苗，外源性ALV污染带来的危害最大。

三、对疫苗中外源性ALV污染的检测方法

为了保证避免使用被ALV污染的疫苗，不仅要对每一种弱毒疫苗的每一个批号的产品进行检测，更重要的是要选择可靠的方法和试剂。选择的方法必须保证灵敏度和检出率高，同时还必须有很高的特异性，二者缺一不可。对于检测疫苗中的外源性ALV的污染，选择适当的检测方法是很重要的。但现在还不能提出一种最

好的方法，现有的不同方法都有其优点和缺点，而且不同的疫苗所能选用的方法也不完全相同。下面提出几种可参考选择的方法，以及它们的优缺点和在应用时的注意事项。

（一）细胞培养分离病毒法

应该说，在所有供选择的方法中这是最基本也是最可靠的方法。它的灵敏度高而且特异性强，但其技术要求高、周期长，且不能适用于所有疫苗，如禽痘疫苗。

（二）核酸检测法

用外源性ALV的特异性序列作为引物，以疫苗样品中可能存在的ALV病毒粒子基因组RNA为模板，通过RT-PCR扩增外源性ALV特异性序列。这一方法有可能从不同样品中检测出微量的ALV病毒粒子，也适用于从商品疫苗中直接检测污染的外源性ALV。如果操作得当，RT-PCR可能有很高的灵敏度。以RT-PCR为基础，目前已有不同方法检测外源性ALV的报道，如荧光定量RT-PCR、LOOP-PCR等。但如果不用特定的方法来验证，RT-PCR产物也会出现很高的非特异性结果，即假阳性。

（三）鸡体接种试验

根据接种鸡是否诱发抗体反应（分别针对ALV-A/B和ALV-J的ELISA抗体检测试剂盒）来确认疫苗是否污染外源性ALV。对一般种鸡群可以根据在其父母代、祖代或曾祖代鸡群对某些疫苗使用后有无抗体反应来确定相应疫苗有无ALV污染。但是，对于已净化或正在净化过程中的原种鸡场核心群来说，这显然是不够的，必须严格用SPF鸡来做接种试验，必须在配有可过滤空气的隔离罩中维持饲养。由于随疫苗中污染的ALV毒株不同及含量不同，接种鸡的年龄不同其反应性也很不相同。接种太早，如1日龄接种，有可能诱发免疫耐受性，但在成年鸡接种有时又可能既不产生病毒血症又没有抗体反应。而且，鸡对ALV感染发生反应的个体差异性也很大，所以需要一定的数量，如10～12只。建议选在同一隔离器中饲养的10～12只SPF鸡，分别在1日龄和7日龄各接种5～6只。鸡对ALV感染的抗体反应很缓慢，要有足够长的观察时间，如2～3个月。显然，这一方法不仅实验周期长，而且成本也很大。

（四）不同方法优缺点比较分析

以上3种方法，以细胞培养分离病毒的方法最理想，其灵敏度和特异性都很好，而且结果的可重复性也很好。但是，对有些疫苗不太适合，如禽痘疫苗。即使使用高效抗血清进行病毒中和反应后，再使用0.22微米滤膜过滤，也不能完全过滤禽痘疫苗病毒，少量的病毒复制很快造成细胞病变。这时，生长缓慢的ALV将会被完全掩盖，很难检测出来。而且，对于一个中小型鸡育种公司来说，配备细胞培养的实验室和专门的技术人员，成本比较高。核酸方法可用于各种疫苗，且检测周期较短，2～3天即可完成。但每个实验室采用的具体的操作方法和相关的引物还有待进一步标准化，它们的特异性及其灵敏度的可重复性，还有待用更多的野毒株来证明。SPF鸡的接种试验，技术相对简单，结果的可重复性可靠。但试验周期太长，检测成本也太高。各个鸡场只能根据自己的条件，从中做出选择。而且，对于ALV来说，没有哪个方法是绝对可靠的，选用两个以上的方法可以互补，大大提高可靠性。对于已净化或正在净化过程中的原种鸡场的核心群来说，更是建议选择两个方法同时进行，以最大限度减少单一方法不足可能带来的漏检。

四、对疫苗中其他免疫抑制性病毒的检测方法

（一）禽网状内皮组织增殖症病毒（REV）

在ALV感染和发病严重的鸡群，常常有REV共感染，REV的共感染将显著提高鸡群对ALV的易感性和发病率。有多种途径可使鸡群感染REV，但污染REV的弱毒疫苗的危害最大。用于检测弱毒疫苗中的ALV污染的方法都可用于检测REV污染，如细胞培养分离病毒、接种SPF鸡观察有无抗体反应及核酸检测法。相对于ALV，REV更容易检测到。其中以核酸检测法最适用于疫苗中REV的检测，用REV特异性引物对疫苗样品提取的病毒基因组RNA做RT-PCR，再用REV特异性核酸探针做分子杂交，不仅灵敏度高、特异性强，可用于各种不同疫苗，而且不需要特殊的仪器。对马立克病细胞结合型疫苗，不需做RT-PCR，只要用核酸探针直接做分子杂交即可。具体方法可参看山东农业大学禽白血病专业实验室已发表的论文，相关诊断用试剂盒正在申报中，山东农业大学禽白血病专业实验室现在也能为用户提供相应的试剂和方法。

（二）鸡传染性贫血病毒（CAV）

CAV也是一种可能污染弱毒疫苗的免疫抑制性病毒。上面提到的SPF鸡接种后检测抗体反应或核酸检测法都可应用，但细胞培养分离病毒这一方法很难实施。因此，核酸检测法是最有可操作性的检测方法。用CAV特异性引物对疫苗样品提取的病毒基因组DNA做PCR，再用CAV特异性核酸探针做分子杂交，不仅灵敏度高、特异性强，可用于各种不同疫苗，而且不需要特殊的仪器。具体方法可参看山东农业大学禽白血病专业实验室已发表的论文，山东农业大学禽白血病专业实验室现在也能为用户提供相应的试剂和方法。

（三）鸡腺病毒

鸡的一些弱毒疫苗也会污染腺病毒，使用这样的疫苗可导致鸡群感染腺病毒，不仅在一定比例的鸡诱发特定症状和死亡（如病毒性肝炎或心包积水等），也会在亚临床感染鸡诱发一定程度的免疫抑制。细胞培养分离病毒、接种SPF鸡后检测抗体反应和核酸检测法都可用于检测弱毒疫苗中的腺病毒污染，但还是以核酸检测法最有可操作性。用腺病毒特异性引物对疫苗样品提取的病毒基因组DNA做PCR，再用腺病毒特异性核酸探针做分子杂交，不仅灵敏度高、特异性强，可用于各种不同疫苗，而且不需要特殊的仪器。具体方法可参看实验室已发表的论文，实验室现在也能为用户提供相应的试剂和方法。

第二章

禽白血病净化过程中改进的检测技术

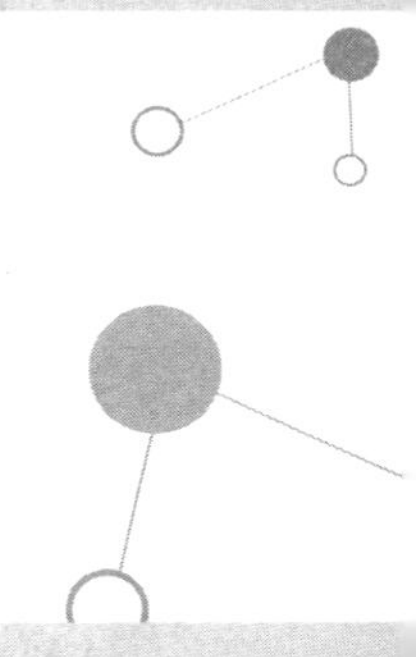

由于禽白血病传播的主要途径是经种蛋垂直传播，由此一代代传下去。基于这一特点，种鸡场禽白血病净化的基本要点就是采用不同的检测手段检出种群中每一只可能感染鸡，并将其全部淘汰。因此，检测不同组织样品是否有ALV的方法的特异性和灵敏性，就成为净化成功与否、净化效率的关键。

种鸡群禽白血病净化方案最早是在1987年前制订并获得成功的。现在30年过去了，生物学、医学和兽医学的检测技术不断改进，这为不断改进ALV检测技术提供了条件。国外鸡育种公司对禽白血病的净化经验，主要体现在蛋用型鸡经典A/B亚群ALV及白羽肉用型种鸡J亚群ALV的净化。但是在我国，除了引进的蛋用型和白羽肉用型鸡外，还有自繁自养的不同品种的蛋用型鸡，更有在遗传背景和生物学特性上各不相同的培育型黄羽肉鸡和我国固有的地方品种鸡。这些鸡群不仅感染了经典的A～D亚群ALV，还普遍感染了ALV-J，而且后者在这些鸡群中已广泛蔓延，成为危害性最大的ALV亚群。此外，在我国的黄羽肉鸡和地方品种鸡群中还普遍存在着K亚群ALV。这就使我国鸡群的ALV净化比其他国家更为复杂。在过去十多年的净化实践中，一开始我们只是借鉴国际跨国育种公司的方案和经验，并根据我国不同种鸡场的特点，分别提出相应的、可操作性的方案。随着生物学、医学和兽医学技术的发展，针对我国鸡群净化ALV的需要，我们不断改进相关的检测技术和不同技术的集成方案，使我国鸡群的禽白血病净化更为有效。下面将列出几个主要的改进方案，供不同种鸡场参考应用。

第一节 如何比较和选择不同供应商的ALVp27抗原ELISA检测试剂盒

在对鸡群禽白血病实施监控和净化过程中，检测p27抗原是最常用的检测方法，因此，相应的ALVp27抗原ELISA检测试剂盒也是最常用的诊断检测试剂盒。目前在中国市场上，有多家公司生产和销售检测p27的试剂盒。这些试剂盒的操作方法和判断依据都非常类似，但不同厂家生产的p27检测试剂盒的质量差别很大，主要表现在对从不同样品中p27抗原检测的灵敏度及特异性。如果选用了质量差的试剂盒，就会使假阴性的比例（即对感染鸡漏检率）显著增加，导致净化程序失败的风险增大。特别是我国政府部门和企业集团在大量采购ALVp27抗原ELISA检测试剂盒时都采用招标的程序，各供货商提供的标书中只有价格是客观可比的，这时就需要有一个科学、客观、公开且具有可操作性的比较试验来比较并淘汰那些质量差的产品。为此，我们提出了一套用于比较不同厂家产品质量高低的试验方法，在连续几年的招标过程得到了成功应用。由于所有程序是在实验前公开的，所有试验和结果都是在公开透明的情况下进行的，不同厂家产品的质量高低在各方均在场的情况下公开判定，各竞标方均提不出实质性的异议。当然，招标机构也愿意接受这一结果。具体做法如下：

一、在开标前制备一套分别含有不同浓度p27的已知阳性样品和阴性对照样品

1．**种毒** 可以选用实验室保存的任意一株已经纯化鉴定的常见亚群的外源性ALV作为种毒，优先选用ALV-J，也可选用ALV-A、B或其他亚群，通常一个亚群即可。为更有说服力，可选用2～3个不同亚群的ALV做比较。以上，每支种毒应在1.5毫升以上种毒的病毒含量应在$10^{3\sim4}$ $TCID_{50}$/毫升。

2．**细胞培养** 准备一次性6孔细胞培养板3～6块，分别在第1、4、7天接种CEF或DF1细胞，每孔接种2～2.5×10^6个细胞（使细胞贴壁后呈现60%～70%覆盖细胞培养板，即在今后几天仍有生长复制的空间），放置于37℃恒温箱中过夜待形成细胞单层。

3．接种病毒　接种细胞后第2天，将上述“1”的种毒从冰箱中取出融化后，按无菌操作，分别用种毒原液100微升或用细胞培养液做1：10、1：100、1：1000稀释后，各取100微升依次接种1个细胞培养孔，如分别接种＃1细胞板的A1和B1孔及＃2细胞板的A1和B1孔，并在记录本上准确记录。种毒融化后可一直保存在4℃冰箱中，不要再反复冻融。可根据比较的目的和要求来决定选用接种病毒稀释度的范围（1～2个稀释度还是1～4个稀释度），从而决定每次所需细胞培养板的数量（1块还是2块）。随后放置于37℃恒温箱中，2～3小时后，将接种病毒的细胞培养孔中上清液吸出，加入新鲜培养液。第3天，再按同样的方法和程序接种和处理相应的A2孔和B2孔。第4天，接种和处理A3孔和B3孔。以此类推，在今后5～10天依次接种和处理在第4天和第7天准备的细胞培养板＃3和＃4及＃5和＃6板。所有接种病毒的细胞培养孔，在相应的每次接种病毒后2～3小时换液，在以后的1～9天内不再做任何处理。

4．病毒培养液的收获、保存和分装　所有孔的细胞培养上清液，均在第11天，即最后一批孔接种病毒后1天收取。每孔收集2～3毫升置于10毫升青霉素瓶中，标记细胞板号和细胞孔号。也就是说，随细胞培养孔不同，分别在接种病毒后1～9天收取上清液，这与原种鸡场实施净化程序时血浆病毒分离培养需在接种样品后培养9天是相对应的。收集的样品可随即冰冻保存，但如果在1～2天内即要做ELISA检测，则只需保存于4℃冰箱。如果比较检测的目的是用于采购招标的技术鉴定，则应在检测的当天，在所有各方都在场时，将每个细胞孔的样品一一分装。为了保证比较试验的公正性，在检测前对样品来源保密是很重要的。为此，可将所有样品瓶与另加入的作为阴性对照的10～20瓶正常细胞培养上清液打乱编号，根据要比较试剂盒的数量将样品一一分装成若干瓶，每套样品可分别用于每个试剂盒产品独立的检测试验。不同的样品可以让不同产品所属公司的代表分工分装。

二、在开标当天对不同试剂盒检出结果特异性和灵敏度比较

1．不同试剂盒产品对已知成套病毒样品的检测及其结果的报告　为了保证检测结果的可靠性，不同的试剂盒可由同一操作人员在同一实验室内操作完成，每个样品做2个孔的重复。如果是为了招标的目的，为了让该比较试验的结果更具有说服力，建议让各公司自己选派最熟练的技术人员在同一实验室同

一台机器为本公司的产品操作整个检测过程，并完成读数和对每个样品的结果判定。所有过程都是在各方在场的情况下进行的，检测结果的原始电脑读数的打印记录由检测人签字后交招标机构代表暂时保存。然后再公开检测时样品的随机号与样品原始编号的对应关系，以及与样品来源的细胞板和孔号的对应关系，由不同试剂盒供应商的检测人分别在统一提供的表上给相应细胞板的相应孔样品注明是阳性（+）还是阴性（-）或疑似阳性（±），如表2-1所示，签字后交招标机构代表。最后，公开所有样品的真实来源背景。

2．结果的判定和比较 试剂盒的可重复性：所有样品的2孔重复的读数应相同或相近，不能出现显著差异，否则表明该试剂盒可重复性较差。例如，在一块板上，不应有2个或以上样品的重复孔出现显著差异。

试剂盒的特异性：所有10～20份来自正常未接种病毒的细胞培养上清液，都应该完全是阴性，否则表明是假阳性。

试剂盒的灵敏度：来自接种病毒量大且在接种病毒后维持多天的孔的样品，应为强阳性。来自接种病毒量最小且在接种病毒后仅维持1～2天即采集的样品，则可能是阴性或疑似阳性或弱阳性。在不同时间采集的不同孔样品之间应该按接种病毒量的梯度及采样的时间顺序应能显示出有规律的梯度（表2-1）。实际上，在禽白血病专业实验室比较研究也显示出不同ELISA试剂盒检出细胞培养液中p27抗原的s/p比值，进一步显出检测值动态及差异（图2-1至图2-4）。从图2-1可见，A厂家的试剂盒最好，在病毒接种细胞培养后第3天，就可从6个样品中检出2个样品，而B和C试剂盒对同样的6个样品呈现阴性。在第5天后，这3个试剂盒对所有6个样品都呈阳性，但是以A试剂盒给出的s/p值最高。这表明，所有3个试剂盒特异性相同，但以A试剂盒最敏感。图2-2至图2-5分别显示在另一次独立的比较试验中，这3个厂家的试剂盒对A、C、J亚群ALV感染细胞后p27检测的动态结果，表明试剂盒A在特异性相同的情况下阳性检出率最高。

不同试剂盒质量的比较判定：如果试剂盒的可重复性合格且没有假阳性，以能够从最小接种病毒量的细胞培养孔中最早检出病毒p27的试剂盒为最好。通常，不同试剂盒间的差别都在这一条，在用最小病毒量接种后，有的早几天有的晚几天才能检出病毒感染。或者在最小病毒量接种后，灵敏度好的试剂盒在接种后 8 ～ 9 天可检出病毒，但灵敏度差的试剂盒却不能。如果这种试剂盒用于核心鸡群ALV净化程序中的检测，这就可能导致一部分感染鸡被漏检。

表2-1　三种p27抗原ELISA试剂盒对NX0101接种不同天数后细胞培养上清液中p27检测结果比较

接种剂量	试剂盒厂家	DF1细胞接种ALV-J NX0101株后天数					
		1天	2天	3天	4天	5天	6天
9×10^3 $TCID_{50}$	试剂盒A	−	−	+	+	+	+
	试剂盒B	−	−	−	+	+	+
	试剂盒C	−	−	−	+	+	+
9×10^2 $TCID_{50}$	试剂盒A	−	−	−	+	+	+
	试剂盒B	−	−	−	−	+	+
	试剂盒C	−	−	−	−	+	+
90 $TCID_{50}$	试剂盒A	−	−	−	+	+	+
	试剂盒B	−	−	−	−	+	+
	试剂盒C	−	−	−	−	+	+

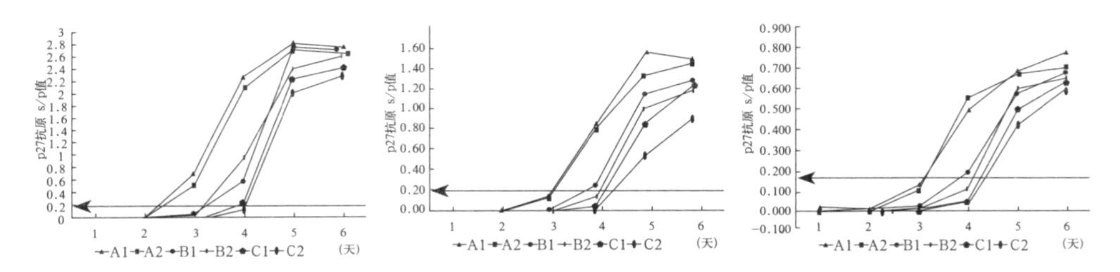

图2-1　三个不同厂家试剂盒对同一批ALV感染细胞培养上清液检测p27结果比较

说明：用6个不同病毒样品接种细胞培养后1～6天分别采集细胞培养上清液，分成3份用3个不同厂家的试剂盒检测。横坐标为接种病毒后天数，纵坐标为s/p值，带黑色箭头实线表示判定为阳性的基底线

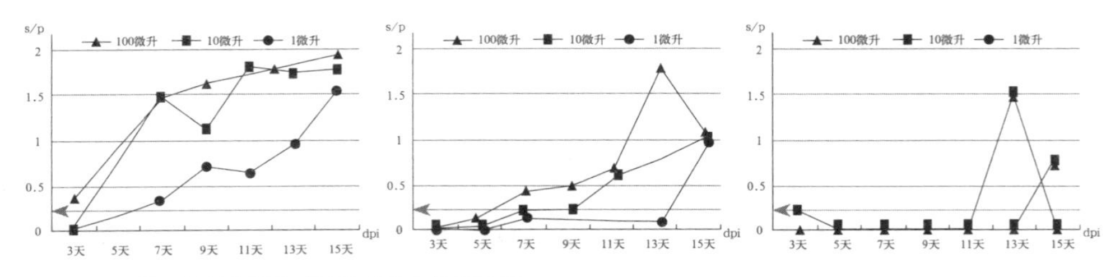

图2-2　三种ELISA试剂盒对ALV-A动态检测比较

带箭头实线表示判定阳性的临界线

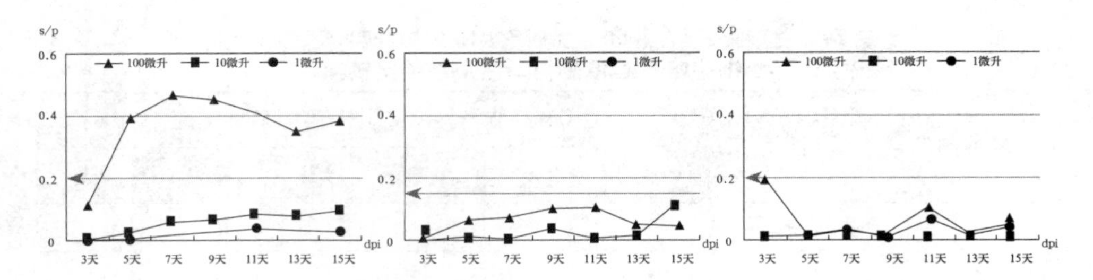

图2–3　三种ELISA试剂盒对ALV-C的动态检测比较

带箭头实线表示判定阳性的临界线

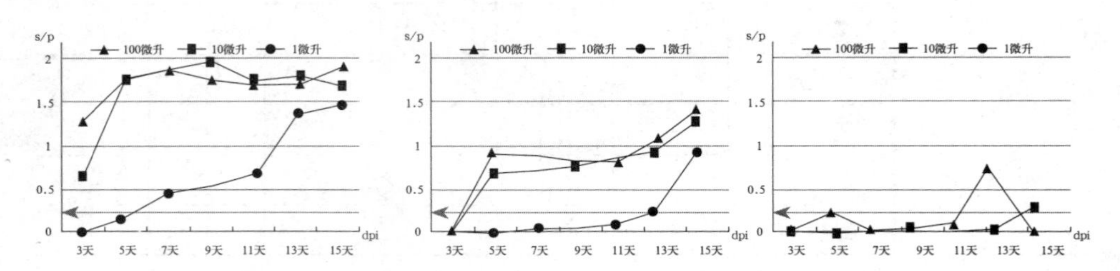

图2–4　三种ELISA试剂盒对ALV-J-PY的动态检测比较

带箭头实线表示判定阳性临界线

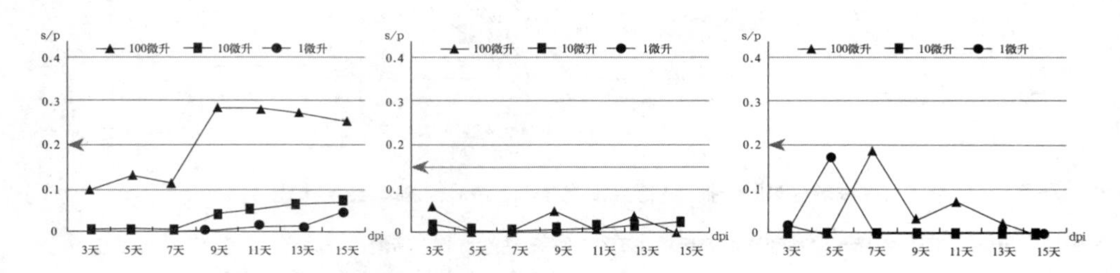

图2–5　三种ELISA试剂盒对ALV-J-WS的动态检测比较

带箭头实线表示判定阳性的基底线

第二节　用IFA提高对细胞培养中ALV感染的检测灵敏度

过去大量的比较研究表明，用DF1细胞进行外源性ALV分离鉴定时，接种剂量是影响病毒检出效果的关键因素之一，特别是当用p27抗原ELISA检测试剂盒从细胞培养上清液中检测抗原来判断有无病毒感染时。这是因为当病毒含量低时，只有少数细胞感染了病毒，释放到细胞培养上清液中的p27抗原较少，在抗原量无法达到试剂盒所设定的临界值时，即使使用灵敏度高的ELISA试剂盒也无法检测出。由于ALV在细胞上复制较慢，为了提高细胞培养上清液中p27的浓度，或者将细胞维持尽可能多的天数（如在净化程序中的血浆或精液样品检测要维持9天），或者将感染的细胞继续传1～2代，以增加病毒感染细胞的数量。这无疑也延长了净化过程中的检测时间，更重要的是对于病毒感染量很低的样品，仍然可能会造成漏判和假阴性。针对这一情况，IFA相对于ELISA就能显示更好的特异性和更高的灵敏度，可检测出一些低滴度和早期的样品，尤其是当病毒含量较低时，该方法的优势就更加明显。例如，当将3个不同剂量ALV-J接种带有盖玻片（亦称飞片）的DF1细胞培养单层后，分别在接种后不同时间从细胞培养皿中取出盖玻片，用针对ALV-J的单克隆抗体做IFA，同时也收集细胞培养上清液分别用市场上最常用的3个厂家的p27抗原ELISA检测试剂盒检测。结果表明，用3种不同剂量ALV-J接种细胞后第3天用IFA检测时都已呈阳性，但第3天用ELISA检测时，中剂量组和低剂量ALV-J接种的细胞培养皿样品都呈阴性，3个ELISA试剂盒中仅有一个能从接种最高剂量的平皿样品中检出阳性（表2–2，图2–6）。

在另一次IFA和ELISA的比较试验中，也得到了类似的结果（表2–3至表2–5，图2–7至2–9）。在这组试验中，还进一步显示IFA比ELISA有更好的可重复性。在这个试验中，选用了当时市场上最好的p27抗原ELISA检测试剂盒与IFA相比较（针对ALV-J感染的细胞），而且每次分别用高和低剂量ALV-J接种4孔细胞作为重复。根据最终结果，所有4个感染孔都表现相同结果，表明试验的可重复性非常好。

从图2–6还可以看出，在接种$9\times10^{3}TCID_{50}$病毒后第3天和第6天，大多数细胞中都可观察到胞质中有绿色荧光、胞核无荧光的典型感染细胞；当接种$9\times10^{2}TCID_{50}$病毒时，第3天和第6天也都可观察到阳性细胞，但阳性细胞数要少于前者；当接种$90TCID_{50}$病毒时，第3天仅可检测到少数的阳性细胞，但第6天时阳性细胞的比例显著升高，几乎与接种高剂量病毒的细胞培养结果一样。由该图可以推测，IFA之所以比ELISA敏感，是因为在低剂量病毒感染后最初几天，虽然只有少数细胞感染ALV-J，但一个视野中只要有数个阳性细胞，就很容易与其他的阴性细胞相区别（图2–6至图2–9）。而这时阳性细胞的比例可能还不到1%（一个视野可以有几百个甚至近千个细胞），如此低比例的感染细胞能向培养液中释放的p27量是不足以被ELISA检测试剂盒检测出来的。

当然，由于IFA检测主要根据操作者目测判断，常受判断者识别特异性荧光及荧光强度的经验等主观因素的影响，往往需要有经验的IFA实验室人员的判断结果才比较可靠。目前，绝大多数县级及以上实验室都具备实施IFA的设备和人员条件。大型养鸡公司也具备这样的条件。但是，针对不同亚群ALV（如J亚群与其他亚群）感染的细胞，需要有不同的单克隆抗体，但其未商业化，这在试剂来源上有些不便。最近，扬州大学研发了针对p27的单克隆抗体，它在DF1细胞培养中可识别除E亚群之外的所有亚群外源性ALV，但E亚群在DF1细胞上不复制，所以用这种单克隆抗体作为一抗，可用IFA检测出除E亚群之外的所有亚群的感染，而且比ELISA检出率更高。

图2–6　接种不同剂量ALV-J的DF1细胞在培养第3天和第6天的IFA检测结果

a．接种9×10^3 $TCID_{50}$ NX0101第3天的DF1细胞；b．接种9×10^2 $TCID_{50}$NX0101第3天的DF1细胞；c．接种90 $TCID_{50}$ NX0101第3天的DF1细胞；d．未接种NX0101的DF1细胞培养第3天作为空白对照；e．接种9×10^3 $TCID_{50}$ NX0101第6天的DF1细胞；f．接种9×10^2 $TCID_{50}$ NX0101第6天的DF1细胞；g．接种90 $TCID_{50}$ NX0101第6天的DF1细胞；h．未接种NX0101的DF1细胞培养第6天作为空白对照

表2–2　IFA和3种ELISA试剂盒对NX0101接种不同天数后细胞培养感染状态的判定结果比较

接种剂量	检测方式和试剂盒	DF1细胞接种NX0101后天数					
		1天	2天	3天	4天	5天	6天
9×10^3 $TCID_{50}$	ELISA试剂盒A	-	-	+	+	+	+
	ELISA试剂盒B	-	-	-	+	+	+
	ELISA试剂盒C	-	-	-	+	+	+
	IFA检测	ND	ND	+	ND	ND	++++

（续）

接种剂量	检测方式和试剂盒	DF1细胞接种NX0101后天数					
		1天	2天	3天	4天	5天	6天
9×10^2 $TCID_{50}$	ELISA试剂盒A	-	-	-	+	+	+
	ELISA试剂盒B	-	-	-	-	+	+
	ELISA试剂盒C	-	-	-	-	+	+
	IFA检测	ND	ND	+	ND	ND	++++
90 $TCID_{50}$	ELISA试剂盒A	-	-	-	+	+	+
	ELISA试剂盒B	-	-	-	-	+	+
	ELISA试剂盒C	-	-	-	-	+	+
	IFA检测	ND	ND	+	ND	ND	++++

注：“ND”表示该项目未做，“-”表示检测结果为阴性，“+”表示检测结果阳性，“+”数量与阳性细胞比例呈正比。

表2-3　DF1细胞接种$10^{2.625}TCID_{50}$的ALV-J后不同天数分别用ELISA检测p27和IFA检测结果比较

重复孔＼维持天数	9天	7天	5天	3天	2天	1天
ELISA-1	+	+	+	-	-	-
ELISA-2	+	+	-	-	-	-
ELISA-3	+	+	-	-	-	-
ELISA-4	+	+	-	-	-	-
IFA-1	+	+	+	+	+	-
IFA-2	+	+	+	+	+	-
IFA-3	+	+	+	+	+	-
IFA-4	+	+	+	+	+	-

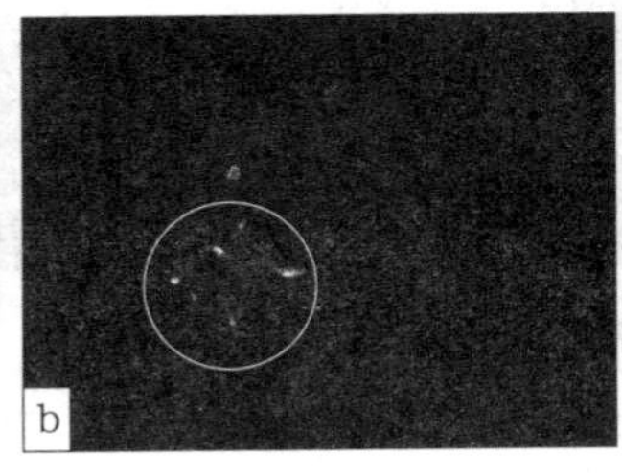

图2-7　DF1细胞接种$10^{2.625}TCID_{50}$的ALV-J后不同天数的IFA结果

a．接种病毒后第1天，所有均为阴性；b．接种病毒后第2天，视野中可现数个散在的呈现荧光的阳性细胞；c．接种病毒后第3天，可看到成团的呈现荧光的阳性细胞，表明感染细胞逐渐增多

表2-4 DF1细胞接种$10^{1.625}TCID_{50}$的ALV-J后不同天数分别用ELISA检测p27和IFA检测结果比较

重复孔＼维持天数	9天	7天	5天	3天	2天	1天
ELISA-1	+	-	-	-	-	-
ELISA-2	+	+	-	-	-	-
ELISA-3	+	-	-	-	-	-
ELISA-4	+	-	-	-	-	-
IFA-1	+	+	+	+	+	-
IFA-2	+	+	+	+	+	-
IFA-3	+	+	+	+	+	-
IFA-4	+	+	+	+	+	-

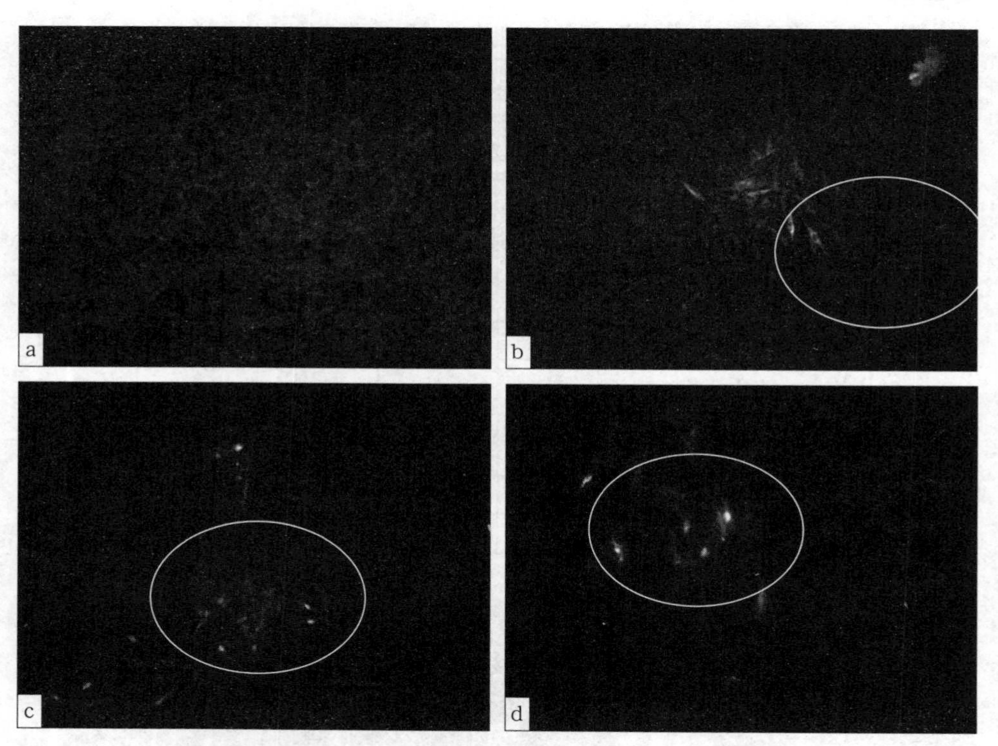

图2-8 DF1细胞接种$10^{1.625}TCID_{50}$的ALV-J后不同天数的IFA结果

a．接种病毒后第1天，所有均为阴性；b、c、d．接种病毒后第2、3、5天，视野中可现散在的呈现荧光的阳性细胞。第2天阳性细胞虽然很少，但荧光着色的细胞很明显，容易判定。随着接种后天数的增加，阳性细胞在增多，也进一步证明其特异性

表2-5 DF1细胞接种$10^{0.625}$ $TCID_{50}$的ALV-J后不同天数分别用ELISA检测p27和IFA检测结果比较

维持天数 重复孔	9天	7天	5天	3天	2天	1天
ELISA-1	-	-	-	-	-	-
ELISA-2	-	-	-	-	-	-
ELISA-3	-	-	-	-	-	-
ELISA-4	-	-	-	-	-	-
IFA-1	+	+	+	-	-	-
IFA-2	+	+	+	-	-	-
IFA-3	+	+	+	-	-	-
IFA-4	+	+	+	-	-	-

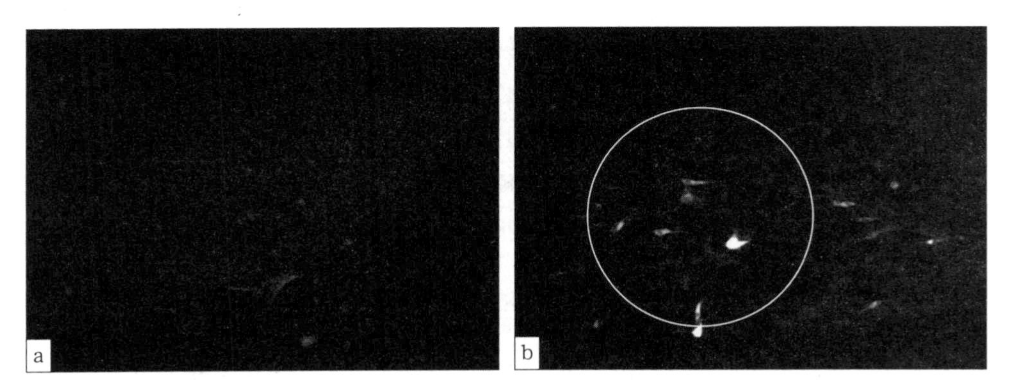

图2-9 DF1细胞接种$10^{0.625}$ $TCID_{50}$的ALV-J不同天数的IFA结果

a. 接种病毒后第3天，所有均为阴性；b. 接种病毒后第5天，看到明显的呈现荧光的阳性细胞

IFA不仅可为广大试剂盒用户评价试剂盒的特异性和灵敏度提供一种科学客观的比较方法，也可作为ALV净化过程中病毒分离检测的辅助方法。通过IFA辅助p27抗原检测试剂盒检测，适用于在一些特定核心种鸡群特别是净化到一定阶段的核心种鸡群，可提高检出率。也适用于检测疫苗中ALV污染等小批量样品，可节省成本并且可提高检测的灵敏度。

第三节 用IFA检测鸡血清ALV抗体

为了确定鸡群ALV的感染状态，主要依靠对一定数量鸡的血清中ALV抗体的检测。因此，种鸡场普遍采用ALV抗体ELISA检测试剂盒（主要针对J亚群以外的其他亚群病毒感染）和ALV-J抗体ELISA检测试剂盒来检测鸡群ALV的感染状态。但是，有些生产批号的试剂盒有时也会产生一些假阳性反应。例如，我国许多种鸡公司近两年来反映，鸡群血清中ALV-A/B抗体比过去显著升高。有些进口的祖代雏鸡，2～3日血清检测就有一定比例的样品呈现ALV-A/B亚群抗体阳性。有些已经实施净化数年的种鸡群，血清ALV-A/B抗体阳性率又出现升高但蛋清p27检测却全部是阴性，病毒分离也是阴性，种鸡群后代均无任何与禽白血病相关的临床表现和病变。在山东农业大学禽白血病专业实验室根据农业部办公厅的文件对全国祖代鸡场禽白血病感染状态实施血清学强制性检测过程中也发现类似的问题。显然，这与市场上供应的有些批次的ALV抗体ELISA检测试剂盒出现假阳性反应相关。此外，同一批血清样品在不同实验室用同一批号的试剂盒检测，有时阳性率差别也很大。近年来，在一些遗传背景的鸡群，也提出了对ALV-J抗体ELISA检测试剂盒的假阳性问题。因此，如何来判定ALV抗体ELISA检测试剂盒是否有假阳性反应就成为种鸡公司普遍关心的问题。为了回答这个问题，我们比较研究了检测鸡血清抗体的ELISA和IFA的相关性。

一、IFA与ELISA检测血清抗体的相关性

山东农业大学禽白血病专业实验室对30份鸡血清的ELISA检测的s/p值及其对ALV-A/B亚群感染细胞的IFA效价做了一一对应的相关性比较。在用ALV-A/B抗体ELISA检测试剂盒检测时，这30份血清的s/p值分别分布在强阳性、中度阳性、弱阳性和阴性的不同区间内。IFA检测效价也分别从很高的1：800直到很低的1：4甚至1：1时也是阴性的不同区间范围内。经ELISA试剂盒检测为阳性的23份血清样品，在IFA中全部为阳性，效价范围为1：（4～800）；ELISA检测为阴性的7份血清样品，在IFA中也是阴性；二者间100%一致。图2-10显示，ELISA检测的s/p值与IFA的效价间表现出相当高的相关性（r=0.97435；p<0.0001；N=30）。

在ELISA中呈强阳性、弱阳性和阴性的样品一一对应的IFA效价分别见表2-6至表2-8。

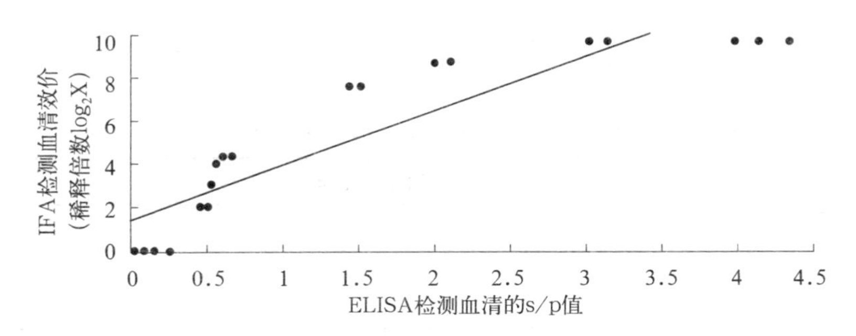

图2-10　ELISA检测的s/p值与IFA检测的血清效价的相关性的统计学分析

表2-6　ALV-A/B抗体ELISA检测呈强阳性的血清样品与IFA效价间的对应关系

样品编号	86	46	82	35	116	114	45	56	60	117	48
ELISA (s/p)	4.157	3.999	1.534	1.436	4.375	3.034	1.5	1.514	3.154	2.116	2.01
IFA血清效价	1：800	1：800	1：200	1：200	1：800	1：800	1：200	1：200	1：800	1：400	1：400

注：此表将对ELISA读数显著高于阳性临界值的样品与IFA检测的血清效价做了一一对应比较；ELISA检测判为阳性的s/p临界值为：0.4。

表2-7　ALV-A/B抗体ELISA检测呈弱阳性的血清样品与IFA效价间的对应关系

样品编号	32	75-1	71	57	96	58-1	75-2	55	58-2	17	40	11
ELISA (s/p)	0.602	0.477	0.5	0.493	0.452	0.606	0.651	0.512	0.542	0.578	0.673	0.553
IFA血清效价	1：20	1：4	1：4	1：4	1：4	1：20	1：20	1：8	1：8	1：16	1：20	1：16

注：此表将对ELISA读数稍高于阳性临界值的样品与IFA检测的血清效价做了一一对应比较；ELISA检测判为阳性的s/p临界值为：0.4。

表2-8　ALV-A/B抗体ELISA检测呈阴性的血清样品与IFA效价间的对应关系

样品编号	6	76	2	86	97	28	32
ELISA(s/p)	0.086	0.054	0.029	0.14	0.078	0.253	0.247
IFA血清效价	-	-	-	-	-	-	-

注：此表将对ELISA读数低于阳性临界值的样品与IFA检测的血清效价做了一一对应比较；ELISA检测判为阳性的s/p临界值为：0.4。“-”表示不经稀释的血清也是阴性。

用类似的方法，我们也已比较了用ELISA和IFA来检测鸡血清样品中ALV-J抗体的相关性，结果表明，二者间也存在着较好的相关性（表2—9）。即ELISA判为阳性的，在IFA中也是阳性，且ELISA检测中s/p值高的样品，其IFA效价也高，虽然不完全成比例。而在ELISA检测中阴性的样品，在IFA中也是阴性。

表2—9 ELISA和IFA检测鸡血清ALV-J抗体的相关性比较

检测方式	血清样品来源鸡编号			
	6—4	6—52	5—1	3—7
ELISA检测的s/p值	1.146	1.123	0.683	0.141
IFA检测效价	1：200	1：80	1：10	-

注：检测使用IDEXX公司的ALV-J的检测试剂盒（临界值为0.6）；“-”表示阴性。

上面一系列比较试验结果表明，在对特定厂商特定批号ELISA试剂盒有疑问时，或对同一批样品在不同实验室检测结果有显著差异时，可考虑用IFA再做相关的验证试验。

二、用IFA检测血清ALV抗体

1．**感染ALV的细胞飞片的准备** 将DF—1细胞培养至对数生长期时接种已知A/B亚群或J亚群的ALV，在37℃的培养箱中培养4～5天之后，将感染的细胞消化悬浮后再接种于带有盖玻片（即飞片）的六孔板各孔中或单独的细胞培养皿中，再培养2～3天，待细胞长成单层后，用固定液固定5分钟，分别一一取出每片飞片，存于—20℃，待用。将带有不同亚群ALV感染细胞的飞片做好标记并分别保存。在每批制备的飞片使用前，可用已知阳性血清或单抗做一次预备试验，确认飞片上的细胞被ALV感染因而在IFA中能出现荧光阳性的细胞占5%～60%，以便在今后的比较试验中容易做出阳性和阴性反应的判断。

2．**血清样品IFA的检测** 先将待检血清样品用PBS分别做2倍稀释、10倍稀释、50倍稀释后作为第一抗体加到预先准备并固定好的带有ALV感染细胞的飞片上，37℃孵育45分钟，1×PBS洗涤3次。再加上1：200稀释的FITC标记的兔抗鸡荧光抗体（Sigma公司），37℃作用45分钟，1×PBS洗涤3次，加一滴50%甘油于飞片上，在荧光显微镜下观察试验结果，并确定样品血清效价。为减少非特异性反应，建议用从鸡胚制备的细胞将兔抗鸡荧光抗体充分吸收，以去除其中可能与正常鸡细胞表面蛋白发生非特异性结合的成分。根据第一次的结果，如果需要，再对待检血清样品做其他稀释度稀释。

三、IFA在判定血清ALV抗体效价中的应用

1. 样品量较少时可降低成本 在净化过程中最常采用的检测方法就是ELISA，该法适用于大批量样品的大规模检测，特别适合大型种禽公司的禽白血病的免疫监测及净化。但是，当样品量较少时，容易造成ELISA反应板的浪费，从而极大提高了检测的成本。除用于验证ELISA试剂盒的特异性外，IFA检测比较适合少量样品的检测，样品少时，操作比较简便，但是必须预先准备病毒感染的细胞飞片。而且当样品量很大时，IFA检测就会过于繁琐，工作量特别大，因此此法不适合大规模检测。

2. 当ELISA的s/p值在临界点上下时可用IFA再验证 通常的血清抗体检测中所用的是ALV-A/B抗体或ALV-J抗体的ELISA检测试剂盒，测定结果并不是直接的OD值读数而是s/p值，即（样品OD值-阴性对照OD值）/（阳性对照OD值-阴性对照OD值）。s/p≥0.4即为阳性，但样品s/p值在临界值上下时，很可能因为操作的原因造成误判，因此在一个实验室必须始终保持技术熟练的操作人员的稳定性。但即使操作准确无误，因临界值是人为确定的，一些s/p<0.4的样品也可能是阳性样品，ELISA检测很容易出现假阳性和假阴性反应，而IFA检测却能准确无误地检测所有样品，阳性样品通过荧光显微镜就能明显看到有绿色荧光的细胞形态，阴性样品则无。因此，在大量样品检测时，ELISA检测发现临界值上下的样品，最好用IFA方法进行复检，这样可保证检测的准确性。

3. 用于判定或验证某些样品的假阳性 当某些鸡由于内源性ALV或其gp85基因片段在成年鸡过量表达时，有可能诱发对ALV的抗体反应，即一种不是由外源性ALV感染造成的假阳性反应。但是，对这种假阳性反应，不论是ELISA还是IFA都会显示出来。因此，如果出现ELISA检测阳性但IFA阴性的情况（假设IFA在操作技术上没有问题），这可能与ELISA检测的技术原因有关，如检测过程中操作技术不当或ELISA抗体检测试剂盒有质量问题，而与内源性ALV表达无关。特别是当ELISA读数很高，但IFA还是阴性时，更可能是操作失误引起，应该对相应血清样品做多孔重复试验。

第四节　种公鸡精液中外源性ALV的分离培养技术及其应用

根据英文版《禽病学》一书描叙，ALV几乎可以在鸡的所有组织细胞中复制，精子细胞除外。在该书及公开发表的文章中，都强调鸡群中外源性ALV传播主要是通过种蛋垂直传播，导致后代雏鸡容易保持持续的病毒血症，不仅容易发生肿瘤，也容易排毒。因此，有关ALV的净化都是强调核心种鸡群母鸡的净化，以避免ALV通过鸡胚传到下一代。但是，对于公鸡在ALV传播中的作用，或具体地说，精液中的外源性ALV能否传给下一代，已发表的文献都避而不提，或者说一直被忽视。但是根据近十年来，ALV-J在我国蛋鸡、黄羽肉鸡和地方品种鸡中的传播特点，ALV-J感染公鸡可能通过受精母鸡将病毒传给下一代，并造成ALV-J的蔓延。在人工致病试验中，也证明了公鸡精液中带有的ALV-J可以感染人工授精的母鸡，而且还能传给下一代。根据这一结论，在制订种鸡核心鸡群的ALV净化程序时，特别强调了种公鸡的检测和净化。

对留种母鸡的检测，包括血浆病毒分离和蛋清p27抗原检测。而对公鸡来说，主要是血浆病毒分离和精液p27抗原的检测。但是，在某些特定遗传背景的鸡，如某些黄羽肉鸡和地方品种鸡，精液中的p27阳性率非常高，不仅与血液病毒分离的结果相差太大，而且过高的阳性率和由此确定的淘汰率很难为育种专家所接受。为此，我们提出了在这些鸡场以精液病毒分离替代p27抗原检测的方案。虽然采集过程很难保证完全无菌，但对精液适当处理后接种细胞培养仍是可以普遍实施的。

1．精液采集与处理　先用酒精棉球将泄殖腔周围擦拭干净，然后采集精液，尽量无菌操作。将精液按1：（6～10）在含青霉素和链霉素（浓度相当于细胞培养液）的DMEM培养液中稀释。然后在Eppendorf离心管中以10 000转/分钟的速度在4℃离心10分钟。吸取上清液置于冰箱保存备用。应当尽快接种细胞分离病毒，至少当天要接种细胞。

2．DF1细胞的培养和精液样品接种　取离心后的上清液150微升接种到含有600微升培养液的24孔板的1个孔中。接种的精液在培养液中的最终浓度是1：50。根据近期对20份精液的比较研究，如果精液接种量过少，将降低病毒分离的阳性率。但是，如果精液含量太多，也会降低病毒的分离率。其可能的原因是，过多的精液蛋白质会对细胞正常生长有不良影响，从而也会降低病毒分离率。如果用更大或更小的细胞培养孔来分离病毒，在将精液在培养液中的最终浓度调至1：（30～50）的原则下，适当调整精液的稀释度和加样量。

接种精液稀释液样品的DF1细胞，在37℃、5% CO_2培养箱作用2～3小时后，用灭菌PBS润洗一遍，然后再加入含1%胎牛血清的DMEM，维持培养7～9天。在接种精液稀释液后2～3小时，之所以要用PBS洗一遍，是为了消除精液样品中可能存在的p27抗原对细胞培养后细胞上清液中p27检测的干扰作用。

3．细胞培养中病毒存在的检测和判断 将接种精液稀释液继续培养7～9天的细胞培养板置-20℃冻融2次，收集上清液进行p27抗原ELISA检测，以鉴定每个孔中是否有外源性ALV感染。如果某个孔的p27检测的s/p值大于0.2，则判为这个精液样品的来源公鸡有外源性ALV感染，相应公鸡应予以淘汰。如果某个孔出现0.1≤s/p值＜0.2时，应与育种专家协商，是否从严淘汰。如果整群种公鸡阳性率不高，或种公鸡的数量足够大，那应该淘汰这些可疑阳性公鸡。如果阳性率过高，特别是相应公鸡的生物学性状特别好时，还应做重复检测后再决定。这时，建议用较大量精液样品接种6孔板，以提高病毒分离率。而且为慎重起见，应在接种可疑样品的6孔板中的细胞培养6～7天时，将该细胞消化悬浮后重新接种到另一个6孔板中，继续培养7～9天。如果仍达不到阳性标准，则可确认是阴性。

4．注意事项 对于将精液样品接种细胞进行分离病毒来说，最应关注的问题是精液污染问题，因为精液样品很难真正做到无菌，这就很容易引起细胞污染。但我们现在提出的方法已经实践证明还是有很高成功率的。一是用较大剂量的抗生素，二是用高速离心法将可能污染的细菌从上清液中离心沉淀下来。为了提高离心去除细菌的效率，对精液做适当的稀释是必要的。否则，精液中的蛋白质特别是某些黏蛋白会显著干扰细菌在离心力作用下的下沉。至于抗生素浓度，也只能比细胞培养液所用的抗生素浓度高2～3倍，否则加入细胞培养后会对细胞产生不良影响，从而进一步给病毒的复制带来不良影响。

在精液显著污染的情况下，可能仅靠离心和抗生素还不足以完全去除污染的细菌，这时可将稀释的精液通过0.45微米的滤器过滤，但这会降低样品的病毒分离率。

由于ALV不会在精子细胞中复制，所以将精子完全离心不会影响病毒的分离率，因此，没有必要将精液反复冻融裂解精子细胞。相反，多次冻融有可能使部分病毒灭活，也将降低病毒的分离率。

（此文部分参考了江苏家禽所发表的论文：徐步等，种公鸡精液中外源性ALV的分离技术及其应用，中国家禽，2015）

第五节　北京峪口禽业ALV净化示范场验收合格后维持方案的建议

根据峪口禽业连续多年净化的进展和现状（截至2015年秋），建议其从原种鸡群的全面检测净化阶段转入净化后维持阶段，并将检测方案做如下调整：

1．**胎粪检测**　由于近3年各品系p27阳性率均在0.1%以下，建议从2016年起，将快羽系改为30%抽样检测，慢羽系改为50%抽样检测。观察下一年结果，如检出率仍然与第12世代相同，2018年将检测率继续下调。

鉴于第10净化世代（2013年）还有0.01%～0.07%的阳性率，第11～12世代全部为0。如果在今后检测过程中又出现很低的阳性率，可以考虑通过对资料的比较分析和进一步试验来解决一个问题，即：胎粪中0.1%的p27检出阳性率是否是某一品系与内源性p27表达相关的正常指数？可考虑对阳性雏鸡做病毒分离来做最后判断。

2．**开产后和留种前蛋清检测**　已连续3年为0，建议将快羽系检测比例降为5%，慢羽系降为10%。如下一代出现阳性，再讨论是否要重新提高检测比例或进一步检测和鉴定阳性样品的特异性。

3．**公鸡检测（这是在维持阶段最要关注的方面）**　鉴于2年前仍有0.3%～1.4%的可疑阳性率，现仍然需要维持普检。重要的补充是，对病毒分离中出现可疑的鸡，要进一步采集血浆样品分离病毒确认究竟是否是阳性。建议对相应可疑阳性个体鸡在1个月内连续做2次血浆病毒分离，且需接种60毫米平皿或细胞瓶，培养6天后，消化细胞再用该细胞传2代，然后再检测p27。如为阴性，那就是阴性；如为阳性，需用IFA或基因扩增测序确证，并确定亚群（可送山东农业大学禽白血病专业实验室确认）。如果确定是阳性，一定要追踪同系同批的母鸡。要根据亚群来确定追踪的严格程度和方案。

对公鸡检测的另一个重要补充是：用病毒分离法直接检测公鸡精液中有无病毒。因为山东农业大学禽白血病专业实验室最近已证明，经人工授精途经感染（通过ALV-J阳性精液感染）的母鸡，其后代可有2%～3%被ALV-J感染。少数呈现病毒血症。每只感染公鸡传播的危害性比母鸡大。

4. 继续坚持对所有弱毒疫苗的外源性ALV和REV的严格检测 按原方案实施，山东农业大学禽白血病专业实验室可继续提供检测用特异性核酸探针。

5. 按上述方案实施，可在现在的基础上进一步降低检测用试剂费40%～50%，以及相应人工费用。

但应注意在改变检测比例后要严密跟踪，分析动态，随时发现感染反弹的可能性，以避免或减少感染回弹带来的风险。

（注：此方案是2015年秋制定的，供其他鸡场实现净化后制订维持方案参考）

第三章

禽白血病防控疑难问题解答

1．什么是禽白血病？

禽白血病又称为禽白血病/肉瘤（Leukosis/sarcoma），是指由禽白血病病毒——一种反转录病毒引起的鸡的不同组织、细胞的良性及恶性肿瘤性疾病，如淋巴肉瘤、成髓细胞瘤或髓细胞瘤、纤维肉瘤、血管瘤、骨髓硬化骨肿大、组织细胞瘤等。其中，以淋巴白血病（LL）最常见。但近年来髓细胞样白血病已成为主要的发病类型。

除此之外，禽白血病的研究已有100多年的历史，Peyton Rous在1911年首先报道了将自然发生的鸡肉瘤滤过液再接种鸡后可诱发同样的肿瘤。由此，他从肿瘤中发现了罗斯肉瘤病毒（RSV，最早发现的一种禽白血病病毒），还证明RSV感染鸡确可诱发肿瘤，在细胞培养上可形成病毒诱发的蚀斑。这是第一次用实验直接证明病毒可以引起肿瘤，这一发现使他在1966年获得了诺贝尔医学奖。

2．禽白血病在鸡群中流行时带来的经济损失有多大？

早在20世纪70年代，全世界未经净化的鸡群普遍都感染了ALV。在商业化经营的鸡群中由ALV感染造成的死亡率通常为1%～2%，偶尔可达到20%甚至更高。实际上，随ALV流行株的差异及鸡群遗传背景不同，不同鸡群自然肿瘤发病率也有一定差异。此外，ALV除诱发死亡外，还能对大多数感染鸡造成亚临床感染，并对一些重要的生产性能如产蛋率、受精率和孵化率等产生不良影响。更为重要的是，ALV可通过种蛋从母鸡传染给后代，这给育种公司带来了更大的挑战。

20世纪80年代末期在英国白羽肉鸡中出现了J亚群禽白血病，并迅速蔓延到全世界几乎所有的白羽肉鸡群。由于它的传染性和致病性比经典的白血病都要强得多，给鸡场特别是种鸡场造成的危害和损失更大。

20世纪90年代初期以来，J亚群禽白血病病毒（ALV-J）也随引进的白羽肉种鸡传入了我国，给我国的养鸡业造成了重大的经济损失。它不仅严重危害了我国白羽肉鸡，而且逐渐传入蛋用型鸡、黄羽肉鸡和固有的地方品种鸡等各种类型鸡，严重危害了我国养鸡业的健康发展。其中尤以在蛋用型鸡中造成的经济损失最为突出，在2008—2009年大暴发期间，每年大约有6 000万羽商品代蛋鸡在开产前后直接由于ALV-J诱发肿瘤死亡或被淘汰。随着ALV-J在黄羽肉鸡中的蔓延和适应，它造成的肿瘤发病率和死淘率也渐渐升高。

3．我国养鸡业在禽白血病防控上的经验教训是什么？

近十年来，我国养鸡业和禽病界在防控鸡群ALV方面获得了两个最重要的经验教训：一是必须高度重视鸡群的种源净化，必须对种鸡群的外源性ALV感染实施严格监控和净化，否则其流行和危害的严重性将逐代增强；二是掌握ALV的传播特点和流行规律，认真执行种鸡场外源性ALV的净化，将可在全国范围内逐步实现对禽白血病的全面有效控制。

4．禽白血病病毒属于什么病毒，它的形态特点是什么？

禽白血病毒（Avian leukosis viruses，ALV）属于反转录病毒科（Retroviridae）、正反转录病毒亚科（Orthoretrovirinae）、α反转录病毒属（*Alpharetrovirus*）。病毒基因组是RNA，以具有反转录酶为特征。家禽和野鸟能感染ALV，但目前研究最多的是从鸡分离到的ALV，从其他不同鸟类分离到的多种ALV在宿主特异性、抗原性和致病性上都与从鸡分离到的有很大差异。

感染细胞的超薄切片中可显示出病毒的一层外膜和中间膜，以及位于病毒粒子中央的、直径35～45纳米的电子致密的核芯，这代表了C型反转录病毒粒子的典型形态。病毒粒子呈圆球形，总体直径80～125纳米，平均直径约90纳米。有囊膜，表面有直径约8纳米的纤突，这是由病毒囊膜糖蛋白形成的。经过负染的病毒也多为球形颗粒，但其形态在干燥条件下很容易变形。

如果分别根据不同孔径的微孔滤膜过滤、超速离心及电子显微镜观察来判断，ALV粒子的直径为80～145纳米。

5．ALV基因组的基本结构是什么？

ALV病毒粒子中的基因组为单股正链RNA，长度为7～8kb。在每个有传染性的病毒粒子内有两条完全相同的单链RNA分子，在它们的5’-端以非共价键连接在一起，每个单链RNA分子就是病毒的mRNA。每个基因组分子有3个主要编码基因，即衣壳蛋白基因（*gag*）、聚合酶基因（*pol*）和囊膜蛋白基因（*env*），在基因组上的排列为5’*gag-pol-env*。这些基因分别编译病毒群特异性（gs）蛋白抗原和蛋白酶、RNA依赖性DNA聚合酶（反转录酶）和囊膜糖蛋白。在两端还分别有非编码区，其中有一段重复序列及5’–端独特序列或3’-端独特序列，这些非编码区的序列具有启动子或增强子的活性。在通过反转录产生的前病毒DNA中，它们又形成了长末端重复序列（Long terminal repeats，LTR）。迄今为止，已对数个禽反转录病毒基因组绘制出类似的基因组图。

另外，在一些急性致肿瘤性ALV基因组中还可能带有某种肿瘤基因，同时伴随着基因组某些片段的缺失，构成了复制缺陷性病毒。

6. ALV病毒粒子内有哪些酶和蛋白质成分？

由ALV三个编码基因*gag*、*pol*、*env*转录产生的原始转录子，经过不同的剪辑和翻译后再加工，将产生一系列不同的蛋白质。由*gag*基因编码一些非糖基化蛋白p19、p10、p27、p12和p15。其中p19又称基质蛋白（MA），而p27是衣壳蛋白（CA），是ALV的主要群特异性抗原即gs抗原（又称Gag）。另外两个蛋白质，p12是核衣壳蛋白（NC），参与基因组RNA的剪辑和包装；p15是一种蛋白酶（PR），与病毒基因组编码的蛋白质前体的裂解相关。位于病毒粒子衣壳中的由*pol*基因编码的反转录酶是一个复合体蛋白，由α（68 kD）和β（95 kD）两个亚单位组成，具有以RNA或DNA作为模板合成DNA的功能即反转录功能，还有对DNA：RNA杂合子特异性的核酸酶H的活性。其中，β亚单位含有一个IN功能区即整合酶（p32），能将前病毒DNA整合进宿主细胞染色体基因组中。具有反转录酶，这是包括ALV在内的所有反转录病毒的共同特点。囊膜基因编码可糖基化的囊膜蛋白，包括位于囊膜纤突表面的gp85（SU）和将纤突与囊膜连接起来的gp37（TM）。这两种囊膜蛋白质连接成一个二聚体。

病毒粒子含有多种酶活性。反转录酶存在于核芯内，由多聚酶（*pol*）基因编码，含有依赖RNA和DNA的聚合酶，以及DNA：RNA特异性杂交核糖核酸酶H活性。另一种由病毒编码的酶是p32，是一种核酸内切酶。

7. ALV在细胞内是如何复制的？

同其他病毒一样，ALV必须在特定的易感细胞中复制。 但是，在ALV复制过程中，病毒吸附到细胞膜上，经病毒囊膜与细胞膜融合后基因组RNA转入细胞质中，其病毒基因组必须有一个从基因组RNA反转录为前病毒cDNA、前病毒cDNA整合进细胞染色体基因组、从染色体基因组上转录产生ALV基因组RNA的过程。然后才能像其他病毒一样编码产生病毒蛋白质，并由此装配成病毒粒子，再释放到细胞外。其中，从基因组RNA反转录为前病毒cDNA、前病毒cDNA整合进细胞染色体基因组是一个非常复杂的分子生物学过程，参与这一过程的蛋白酶都是由

ALV基因组编码的，有时就存在于病毒粒子内。

8. ALV有哪些实验室宿主系统？

为了诊断和研究，必须要在相应的实验室宿主系统中分离培养ALV。ALV的实验室宿主系统有细胞、鸡胚（或其他禽类胚）、SPF鸡或其他鸟类。目前，实验室内最常用的细胞有鸡胚成纤维细胞（CEF）或来自CEF的可传代的细胞系DF1细胞。

9. ALV有哪些亚群，是根据什么确定的？

根据囊膜蛋白gp85的特异性，ALV有A、B、C、D、E、F、G、H、I和J十个亚群，这是依照其发现和鉴定的年代先后确定的。其中最重要的是从鸡群分离到的A～E五个亚群和J亚群。其他几个亚群则是从其他鸟类发现的。例如，从环颈雉和绿雉中发现F亚群病毒，在Ghinghi雉、银雉及金黄雉中发现G亚群病毒。还分别从匈牙利鹧鸪和冈比亚鹌鹑中分离到H亚群和I亚群病毒。

最近笔者团队根据gp85基因序列的同源性比较，又从东亚地区特有的地方品种鸡群中分离和鉴定出新的K亚群。

由于不同亚群ALV囊膜蛋白gp85的抗原性不同，它们对不同遗传背景来源的细胞的易感性也不同，当一个细胞被某亚群的ALV感染后就会对同一亚群ALV感染产生抵抗力。因而在经典病毒学时代，要确定一个病毒的亚群，必须要用已知亚群参考病毒做病毒交叉中和试验、病毒干扰试验等比较试验，同时对不同遗传背景（包括不同鸟类）的细胞做易感性试验。这是一个非常复杂的试验过程，而且在我国现有条件下，很难获得所有亚群的参考病毒来做比较试验。但是，不同亚群的上述生物学特性都与病毒的囊膜蛋白gp85相关，根据gp85的序列分析基本可以判断出病毒分离株属于哪一个亚群。

10. ALV亚群与致病性有什么关系？

20世纪70年代，在鸡群中自然感染并引起肿瘤的主要是A亚群，还有少量病例是由B亚群引起的，而C和D亚群则很少引发自然病例。20世纪90年代，J亚群ALV（ALV-J）成为白羽肉鸡的最大危害。严重时，在种鸡开始产蛋前后，由其引起的髓细胞样肿瘤的死淘率可达到10%甚至20%。2000年后，由ALV-J诱发的髓细胞样肿瘤又逐渐传入蛋用型鸡和中国自繁自养的地方品种鸡，严重感染的鸡群肿瘤死淘率可达20%或更高。但是，在同一个亚群内，不同分离株的致病性可能有差异。

其他亚群F、G、H和I，只是代表在其他鸟类如野鸡、鹧鸪、鹌鹑发现的内源性ALV，但对这些亚群ALV的致病作用及相关的流行病学还很少有研究报道。

11．我国鸡群中已确定有哪些亚群的ALV?

迄今为止，我国从不同类型鸡群的骨髓细胞样瘤或血管瘤病鸡分离到的ALV中，98%以上是J亚群，偶尔分离到A、B、C亚群或K亚群，且往往是与J亚群同时分离到。在临床健康鸡，则主要有J亚群、K亚群，偶尔也有A、B、C、E亚群。

12．什么是复制缺陷型病毒？

有一些急性致肿瘤性白血病病毒基因组的*gag*基因、*pol*基因或*env*基因可能被某种肿瘤基因完全或部分取代，因而不能单独形成完整的病毒粒子，成为复制缺陷型病毒（replication-defective virus，rd-ALV）。在ALV诱发的急性肿瘤中，就会存在这类复制缺陷型病毒。这些具有急性致肿瘤活性的复制缺陷型病毒由于基因组不完整，单独不能产生与病毒复制相关的全套蛋白质，因此，不能在任何细胞上单独生长复制。只有当有其他ALV作为辅助病毒存在时，才能复制并形成病毒粒子。这时，缺陷型病毒的基因组被辅助病毒形成的病毒蛋白及病毒外壳所包装，随同辅助病毒释放到细胞外并识别和感染新的易感细胞。在感染的细胞中，它们的基因组有可能复制出前病毒DNA并整合进细胞基因组，也可再转录产生新的缺陷性病毒基因组RNA，但仍然不能独立形成有传染性的病毒粒子。复制缺陷型病毒这个概念是相对于大多数能自我独立复制的ALV（replication competent ALV）而言的，能正常复制的ALV一般都不带有肿瘤基因，通常诱发慢性肿瘤，即肿瘤发生的潜伏期较长，要在感染几个月后才可能有较小比例的鸡发生肿瘤。

13．什么是内源性禽白血病病毒？

这是ALV特有的一个概念，是指存在于鸡染色体基因组上的ALV的前病毒基因组或其片段。在1966年就已发现，有一些鸡胚中可检出ALV的群特异性抗原，但却检测不出游离的ALV。这种群特异抗原基因位于常染色体上。在常染色体上的ALV囊膜蛋白内源性基因与群特异性抗原基因常常是伴随遗传的。几乎所有鸡个体的体细胞和生殖细胞的基因组中都带有完整的或缺陷性的ALV的前病毒遗传序列，即内源性ALV或*ev*位点。这种*ev*位点可按孟德尔法则垂直传播，也称为遗传性传播。每只鸡的基因组上平均带有5个*ev*位点。科学家曾培育选择出一个不带有*ev*位点的鸡品系（O系），表明这些位点对于鸡来说不是必需的。这些*ev*位点在基因结构上与外源性反转录病毒非常类似，但许多*ev*位点的结构是缺陷性的，因而不能产生有感染性的反转录病毒。但也有例外，如*ev2*，从*ev2*位点可表达产生没有致病性的E亚群ALV即RAV0株ALV。*Ev*位点就像一个转座子，可以从基因组的一个位点转移到另一个位点，它们在包括人在内的所有高等生物的基因组上所占的比例很大。这些*ev*位点一旦活化，就可能与某些疾病相关。

鸡的大多数*ev*位点的遗传序列与E亚群ALV相关，几乎所有正常鸡都带有完整的或缺陷性的ALV-E基因组。这些*ev*位点分布在鸡的体细胞和生殖细胞的不同染色体上，并以孟德尔遗传法则遗传给它们的不同性别的后代。迄今为止，已至少识别和鉴定出29个不同的*ev*位点，每只鸡平均带有5个*ev*位点。

14. 什么是外源性ALV?

这里的外源性ALV的概念是相对于内源性ALV而言的。除了E亚群ALV外，鸡的其他亚群ALV都来自可以自行复制的可感染性病毒粒子的感染。

与内源性ALV相对应，鸡的外源性ALV是指不通过宿主细胞染色体传递给下一代的ALV，包括A、B、C、D、J和K亚群，致病性强的鸡ALV都属于外源性病毒。它们既可以像其他病毒一样在细胞与细胞间以完整的病毒粒子形式传播，或在个体与群体间通过直接接触或污染物发生横向传播，也能以游离的完整病毒粒子形式从种鸡垂直传染给后代。即它们不是来自鸡染色体基因组上按孟德尔遗传法则遗传的*ev*位点，而是来自被感染细胞的细胞外。目前，种鸡场白血病净化的目标就是要净化外源性ALV，而不涉及内源性ALV。

当然，在外源性ALV复制周期中，其前病毒DNA也一定要整合进被感染的宿主细胞染色体基因组中，但这种整合不稳定，不会像已知的E亚群内源性ALV的基因组那样稳定并能通过生殖细胞染色体基因组逐代遗传。

要特别注意的是，这里的“外源性”ALV的概念不同于污染弱毒疫苗的“外源性”病毒的概念。在弱毒疫苗中，所有不是疫苗病毒本身的其他病毒都是污染造成的，这些病毒也都称为“外源性”病毒（包括污染的ALV），这是在疫苗生产过程中污染造成的，与遗传无关。

15．内源性ALV-E有致病性吗？

内源性ALV-E几乎没有致病性，或者说其致病性非常弱，是不会诱发肿瘤的。而且它们在体内和细胞中的复制能力都很弱。但是，能表达或产生完整的ALV-E病毒粒子的鸡往往对其他外源性ALV的抵抗力较差，更容易发生外源性ALV诱发的白血病肿瘤。

16．细胞染色体基因组的这些内源性白血病病毒的*ev*位点能产生游离病毒吗？

能，但不是所有的*ev*位点都能产生游离的有传染性的ALV。只有那些含有ALV完整基因组的*ev*位点可自发性地表达内源性ALV-E。目前发现的能产生传染性病毒的内源性ALV都属于E亚群。如性染色体Z上与决定快慢羽相关基因K紧密连锁的*ev*21位点。*ev*21位点可产生传染性病毒EV21。此外，还有其他一些*ev*位点也能转录产生ALV-E的传染性病毒粒子，如*ev*2、*ev*10、*ev*11、*ev*12、*ev*13、*ev*14、*ev*16等。还有些位点不含有完整的ALV-E基因组，但有时也能表达部分基因（如ALV-E的*gag*、*env*），而且可用一些检测手段检测出来（如ELISA）。但是，由于这些位点缺乏形成病毒所需要的完整基因，因此，不会产生有传染性的完整的病毒粒子，如*ev*3。要强调说明的是，这些特定位点可稳定地整合进鸡细胞基因组，因此才会按孟德尔法则遗传。这种*ev*位点从亲代到子代的传播称为遗传性传播，它不同于处在感染状态的鸡的垂直传播或横向传播。当然，由*ev*位点（如*ev*21）完整表达产生的ALV-E也能按通常的垂直传播或横向传播的方式完成从亲代到子代或从个体到个体的传染。

17．内源性ALV对禽白血病的诊断和检测会有什么干扰作用？

虽然E亚群内源性ALV通常没有致病性，但会干扰对白血病的鉴别诊断。种鸡群净化ALV，在现阶段主要是净化外源性病毒，而内源性ALV表达的p27就会在泄殖腔棉拭子、胎粪、精液甚至蛋清检测p27时产生假阳性，有时假阳性率还很高。我们判定鸡群有无ALV感染，在现阶段也只是指外源性病毒感染。当然，在鸡的基因组上带有*ev*21等完整的或不完整的ALV-E基因组片段，并不代表就一定会表达，这取决于每一只鸡个体的多种遗传生理因素，甚至同一个体不同生理条件下也不一样。 例如，海兰褐祖代的AB系、父母代的公鸡、商品代母鸡中的一半个体都带有*ev*21，但一般都不表达p27，或至少表达的量低到检测不出的水平。在我们与美国海兰公司和爱维杰公司的专家一起讨论时，他们都保证他们的祖代鸡的蛋清中可表达检测水平p27的个体不到1%，这是在ALV净化过程中多年选择的结果。至于未经这种选择的其他品系，特别是我国的地方品系，鸡基因组上带有*ev*21等完整的或不完整的ALV-E基因组片段与表达p27的比例关系，则很可能不一样。目前还没有与此相关的资料，这需要我国的学者进一步研究。除了E亚群ALV基因组片段以外，在一些鸡的基因组上，也可能存在J亚群ALV的囊膜糖蛋白（gp85）的*env*基因的片段，甚至还有A亚群*env*的片段。

18. 为什么慢羽鸡都带有可以产生游离病毒的内源性ALV-E?

在引进的白羽肉鸡和蛋用型鸡中，很多品系可以用快慢羽来鉴别雏鸡的性别。快慢羽的形成与有性染色体Z上基因*K*的活性密切相关，有些鸡之所以形成慢羽，是因为在该染色体上插入了与基因*K*紧密连锁的*ev*21位点。由于这个*ev*21的插入使基因*K*不能表达活性，从而干扰了羽毛发育形成慢羽。而从这个*ev*21位点可自发性地产生传染性病毒EV21。这是最典型的也是最常见的内源性ALV-E产生的形式。

19. 外源性ALV的不同毒株的致病性相同吗？

不仅不同，而且有时差别很大。首先，J亚群ALV的致病性和传染性要比其他亚群ALV强得多。即使是同一个亚群的ALV，其差别也很大，这显然与ALV基因组易发生变异有关。一旦基因组上与致病性相关的序列发生变异后，就可能影响其致病性。此外，一个毒株可能对某一种遗传背景的鸡致病性较强，但对其他不同遗传背景的鸡的致病性就可能较弱，相反也是一样。

20. 什么是急性致肿瘤性ALV？

大多数鸡在自然感染ALV后，不论发生哪种类型的肿瘤，其潜伏期都要几个月，这就是为什么鸡群的白血病大都在鸡性成熟后开产期前后才发生，通常都把这些肿瘤看作是慢性肿瘤。与此相反，有些ALV可以在感染后2～3周内就发生肉眼可见的肿瘤，这些ALV就称为急性致肿瘤性ALV，它们的基因组中都带有（或称插入）某种肿瘤基因。这是通常的ALV在感染细胞后在复制过程中从细胞基因组获得某种细胞肿瘤基因造成的。由于插入的肿瘤基因取代了病毒基因组上某个复制必需片段，所以这些急性致肿瘤性ALV往往是复制缺陷型病毒，必须在同一个感染细胞中有辅助性ALV存在时才能复制（见前面复制缺陷型ALV）。在发生的急性肿瘤中，往往都存在这类急性致肿瘤性ALV。但不同急性致肿瘤性ALV携带的肿瘤基因是不相同的。

21. 急性致肿瘤性ALV可能有哪些肿瘤基因？

鸡的急性致肿瘤性ALV可能携带的肿瘤基因有*src*、*fps*、*yes*、*ros*、*eyk*、*jun*、*qin*、*maf*、*crk*、*erbA*、*erbB*、*sea*、*myb*、*myc*、*ets*、*mil*等。这些基因都来自正常鸡的染色体基因组，它们又称为细胞肿瘤基因（或称原癌基因），实际上这些细胞肿瘤基因编码的蛋白质都是影响鸡和细胞生长发育的各种调控因子，通常ALV感染细胞后在复制过程中从细胞基因组获得了这些细胞肿瘤基因就使其变成了自身的肿瘤基因。

22. 哪些因素会影响ALV感染鸡后的致病性？

除了与ALV毒株各亚群及其致病性相关外，感染途径、感染的量或程度、发生感染时鸡的年龄、被感染鸡的遗传背景都对鸡感染后的发病状态有很大的影响。对于自然感染同样的毒株，垂直感染比横向感染的致病性强得多。在人工感染条件下，鸡胚卵黄囊或血管内接种也比出壳后接种的致病性强得多。在出壳后，感染年龄越小，致病性越强。同一ALV毒株对不同遗传背景的不同品种鸡的致病性强弱不同，同时由于个体间遗传差异性，同一株病毒即使对同一品种内不同个体的致病性也会有很大差异。

23. 鸡的哪些基因影响对ALV的易感性或抵抗力？

鸡群在感染ALV后的感染和发病过程受个体遗传特性的影响非常大。鸡群对禽白血病病毒诱发的肿瘤的遗传抵抗力涉及两个方面：即对病毒感染的细胞性抵抗力和对肿瘤发生的抵抗力。

目前仅对与细胞性抵抗力相关的基因有所了解。例如，鸡常染色体不同的独立位点控制着其对禽白血病病毒A、B、C亚群的易感性或抗性，分别将它们命名为TVA（其中TV是代表tumor virus，即肿瘤病毒，A代表A亚群，下同）、TVB、TVC。TVA和TVC位点编码对ALV-A和ALV-C的细胞受体，位于鸡的28号染色体上。TVB位点，编码对B、D、和E亚群ALV的细胞表面受体，位于鸡的22号染色体上。在每种TV位点上，均存在着影响易感性和抵抗性的等位基因，相应地将它们命名为TVA^{S}、TVA^{R}、TVB^{S}、TVB^{R}、TVC^{S}、TVC^{R}。可能每个位点上还有多个等位基因，编码不同程度的易感性。肿瘤病毒B位点由于不同的点突变，分别形成3个基因型TVB*S1、TVB*S3 和 TVB*R。具有基因型TVB*S3/*S3的纯系鸡仅对ALV-E感染有抵抗力，而TVB*R/*R则对ALV-E、ALV-B和ALV-D都有抵抗力。在决定易感和抵抗两个不同特性的基因中，决定易感的基因是显性基因。上述与易感或抗性相关的基因位点都是按孟德尔遗传模式遗传的。至于是否有与J亚群ALV抗性相关的基因位点，现在还不清楚。

24. ALV在外界环境中抵抗力大小如何?

相对于其他大多数病毒，ALV对环境中的各种理化因子的抵抗力都比较低，即比较容易失去传染性。ALV对多种化学和物理因子都很易感，因此很容易被灭活。在禽白血病病毒囊膜中类脂类物质含量很高，其传染性很容易被脂溶性溶剂如乙醚所灭活，十二磺酸钠这类去污剂也可破坏病毒粒子的结构，从而使病毒灭活。

ALV对热比较易感。随病毒所在的介质、组织的来源及毒株自身特点不同，禽白血病病毒在37℃下的半衰期为100～540分钟（平均260分钟）。温度升高时能加快ALV的灭活，如在50℃时半衰期约为15分钟，在60℃时仅0.7分钟。正因为ALV对热比较敏感，在保存病毒时要特别注意。例如，在用ALV的一种病毒AMV做试验时，即使在−15℃下保存病料和病毒，其半衰期也不到一周。只有在−60℃的保存条件下，禽反转录病毒才能长期保存，在几年内其传染性也不会下降。但反复冻融会降解病毒并使其释放出群特异性抗原。

25. 在鸡群中和鸡群间ALV是如何传播的?

ALV既可以横向传播从一只鸡传到其他的鸡，也可以通过鸡胚垂直传播。在ALV的传播途径中，能将ALV从种鸡直接传给下一代的垂直传播的流行病学意义更为重要。此外，还有一些人为途径也可能传播ALV，如使用了被外源性ALV污染的弱毒疫苗，或在人工授精过程中人为地传播。至于昆虫能否传播ALV，目前还不清楚。此外，对于内源性E亚群ALV来说，还有一种特殊的垂直传播（即遗传性传播）。

26. ALV的横向传播有什么特点?

外源性ALV也可以像其他病毒那样通过直接或间接接触从一只鸡传给其他

鸡，其中绝大多数横向传播都发生在出壳后的雏鸡阶段。被接触感染的鸡都是由于与先天感染（即垂直感染）的鸡直接接触而被感染的。经垂直传染造成带病毒的雏鸡出壳后可能在胎粪中排毒，在孵化厅及运输箱中高度密集状态下与其他雏鸡直接接触，特别是由于雏鸡有相互啄肛的习惯，更会加重相互感染，导致很高比例的初出壳雏鸡被横向感染。在一个运输箱里，感染率最高时甚至可在1天内导致30%的直接接触鸡被感染。对于鸡群维持禽白血病感染状态来说，垂直感染是最重要的，横向感染亦起着很重要的放大作用。

由间接接触导致的横向感染通常不太容易使ALV在鸡群中或鸡群间广泛传播开来，这是因为ALV对理化因子的抵抗力很弱，在体外环境中不会存活很长时间，这不仅限制了被污染的饲料、粪便的传播作用，也有利于对鸡场环境中污染的ALV的彻底消毒。

27. ALV垂直感染是怎么发生的，有什么特点？

通过感染的鸡胚从母鸡传染给下一代是禽白血病的最重要的传播途径。在被外源性ALV感染的鸡群，虽然只有较低比例的鸡胚或雏鸡被垂直传播，但这种传播方式是使禽白血病在鸡群中一代向下一代连续传染的最重要的途径。垂直传播的发生是由于母鸡输卵管的卵白分泌腺产生ALV病毒粒子的结果。在大多数能通过生殖道传播ALV的母鸡，其输卵管壶腹部的病毒滴度最高，这就表明鸡胚感染主要来自输卵管产生的ALV，而不是来自感染鸡的其他部分。电子显微镜观察也表明，ALV在输卵管峡部能大量复制。但是，并不是所有卵白中含有ALV的蛋都会产生被感染的鸡胚或雏鸡。一些学者的研究已证明，卵白中含有ALV的种蛋孵化的鸡胚中，有1/8～1/2发生病毒感染。可能由于卵白中的病毒被卵黄囊中的抗体中和或由于热的灭活作用，从而只有部分带有ALV的种蛋在孵化后最终呈现为先天性感染。另外，当检测不出群特异性p27抗原时，却可能存在ALV的先天性垂直感染，这是因为感染性ALV量很低，其中p27的量低于检测的灵敏度。

在种鸡群中，只有那些持续维持病毒血症且不产生抗体或抗体持续时间很短的母鸡才可能有较大机会从输卵管向鸡胚排毒，但呈现持续性病毒血症的母鸡往往早期已死亡，或卵巢发育不良，只有很少比例呈现持续病毒血症的母鸡能正常排卵产蛋。因此，在一个种鸡群中，能产生垂直传播的种蛋鸡群雏鸡的比例是不高的。但是如上所述，一只感染（垂直传播）雏鸡在出壳后能使同一运输箱中（80～100只雏鸡）30%的雏鸡被横向感染，这就使感染严重放大了。

28. 什么是ALV-E的遗传性感染？

ALV的遗传性感染和垂直感染都是先天性感染，但遗传性感染是内源性ALV-E特有的一种传播方式，它不同于上面提到的外源性ALV的垂直传播。

前面也提到，几乎所有正常鸡都带有完整的或缺陷性的ALV-E基因组。这些*ev*位点分布在鸡的体细胞和生殖细胞的不同的染色体上，并以孟德尔遗传法则遗传给它们的不同性别的后代。迄今为止，已至少识别和鉴定出29个不同的*ev*位点，每只鸡平均带有5个*ev*位点。其中有些含有ALV完整基因组的*ev*位点在一定的生理条件下可自发性地表达内源性ALV-E完整的有感染性的病毒粒子。目前发现的能产生传染性的内源性ALV都属于E亚群。如性染色体Z上与决定快慢羽相关基因K紧密连锁的*ev*21位点。*ev*21位点可产生传染性病毒EV21。此外，还有其他一些*ev*位点也能转录产生ALV-E的传染性病毒粒子，如*ev*2、*ev*10、*ev*11、*ev*12、*ev*13、*ev*14、*ev*16等。这种通过染色体传递给子代相应基因组，并在一定的生理条件下自发性地表达再产生内源性ALV-E感染性病毒粒子的传播过程，就称为遗传性传播。通过这种方式传播的内源性ALV-E通常没有致病性，因此也不是种鸡场白血病净化的对象。

29. 公鸡在ALV传播中起着什么样的作用？

关于公鸡在ALV传播中的作用，在现有国内外教科书中还不明确。根据文献资料，公鸡是否感染ALV似乎并不影响其后代中对ALV的先天感染率。电子显微镜观察发现，在感染公鸡的生殖器官的各种结构中都有病毒的出芽，但偏偏在生殖细胞上没有。这表明，ALV不能在生殖细胞复制。因此，感染的公鸡似乎只是带毒者，其精液中可能带有病毒，只是当给母鸡配种时可能成为接触感染或横向感染的传染源。但达到性成熟时母鸡已5月龄，此时对ALV已产生了一定的抵抗力，似乎即使被感染也很难产生病毒血症，更难向种蛋中排毒。这对经典的A、B、C、D亚群ALV来说可能是对的，但对于传染性和致病性更强的J亚群来说可能有所不同。笔者过去十年对一些种鸡场白血病净化的实践发现，即使一些母鸡群已基本净化了，但如果对种公鸡未实现ALV-J净化，其后代中仍然可能出现较高的ALV-J垂直感染率。在人工感染试验中，也确实证明了，给SPF种母鸡用ALV-J感染的精液人工授精后产生的后代中出现带有ALV-J感染的雏鸡。这证明，公鸡是可以将ALV-J传播给下一代的。

30．蚊虫能传播ALV吗？

研究证明，某些蚊子可携带鸡的一种反转录病毒——禽网状内皮组织增殖症病毒。至于蚊子是否也能携带同是反转录病毒的ALV，现在还不清楚，但是对于涉及外源性ALV净化的原种鸡场，则需要考虑采取措施防止这种可能性的发生。

31．鸡群感染ALV后会造成什么样的致病作用？

ALV感染对鸡群的危害表现为两方面：一是ALV诱发肿瘤导致死亡，死亡率通常为1%～2%，但偶尔也可达到20%甚至更高。二是大多数感染鸡呈现亚临床感染，如生长迟缓、产蛋率下降和蛋的质量下降等非特异性表现，有时也会在体表出现血管瘤。鸡白血病虽然以内脏肿瘤或体表皮肤血管瘤为特征，但更多的感染鸡可能仅表现为产蛋下降、免疫抑制或生长迟缓。实际上，由ALV感染后的亚临床病理作用带来的经济损失可能大于临床上因肿瘤死亡带来的损失。

32．ALV感染鸡后诱发的最特征性病变是什么？

最具特征性的病变是肿瘤。ALV-J感染时最常见肝脏的骨髓细胞样瘤和皮肤血管瘤引起的死亡；其他亚群ALV感染时，最常见内脏的淋巴细胞瘤。这些肿瘤的发生通常都有较长的潜伏期，4～6个月甚至更长，是一类逐渐发展的慢性肿瘤。也会发生急性肿瘤，但比较少见。

33．ALV可以诱发哪些不同类型组织的肿瘤？

虽然在过去十多年中，在我国鸡群中发生的由J亚群ALV诱发的白血病主要表现为骨髓样细胞瘤和血管瘤，但ALV特别是其他亚群的ALV还可引起全身不同脏器组织的和不同类型细胞肿瘤，如淋巴细胞瘤、髓样细胞瘤、血管瘤、成红细胞瘤、纤维肉瘤、血管内皮细胞瘤、骨硬化、组织细胞瘤、骨瘤和成骨肉瘤、肾瘤等。此外，还有软骨瘤、组织细胞肉瘤、黏液瘤和黏液肉瘤、肾胚细胞瘤、肝癌、胰腺腺癌、粒层细胞癌、泡膜细胞瘤、精原细胞瘤、鳞状细胞癌、间皮瘤、内皮瘤、脑膜瘤、神经胶质瘤，但更为少见。这些一般表现为慢性肿瘤，但有时也会在少量青年鸡出现急性肿瘤，如髓细胞瘤、纤维肉瘤、成红细胞增生症、内皮瘤等。对这些肿瘤的类型，有的在肉眼形态上很容易区别，但大多数很难用肉眼来判别肿瘤的类型，必须根据病理组织学切片来确定。

34. 除了禽白血病外，鸡群还有哪些不同病毒引起的肿瘤病？

由马立克氏病病毒（MDV）引起的马立克氏病也是鸡群常见的肿瘤病，但它只引起T淋巴细胞瘤，而且发病高峰比较早，在12～16周龄，比较容易区别。此外，禽的另一种反转录病毒——禽网状内皮组织增殖症病毒（REV）也能诱发肿瘤，包括淋巴肉瘤、网状内皮细胞瘤和其他类型细胞的肿瘤。REV诱发的肿瘤发病较晚，因此，容易与禽白血病肿瘤相混淆。另外，鸡群中戊肝病毒诱发的大肝大脾病也容易被鸡场的临床兽医判断为肿瘤。当然，在一些鸡场，可能同时存在ALV与MDV或REV的共感染，甚至在同一只鸡发生共感染。

35. 除了造成肿瘤死淘外，ALV感染对鸡群还有什么危害？

如前所述，被ALV感染的鸡，只有一小部分会发生肿瘤死亡，大多数鸡表现为亚临床感染，但这会对鸡的生长发育和产蛋性能带来显著的不良影响，导致生长迟缓和产蛋率下降，有些感染鸡终身不产蛋。此外，在垂直感染或雏鸡早期感染ALV后，特别是感染ALV-J后，会造成免疫抑制，导致鸡对其他疫病的抵抗力下降，从而提高了其他继发性细菌或病毒感染的死亡率。许多采取白血病净化措施的种鸡场都发现，净化后的种鸡及其后代都比净化前好养，非特异性死淘率显著下降。

36. 什么年龄的鸡对ALV最易感？

虽然临床看到的禽白血病的病变和死亡多发生在性成熟后，特别是发病高峰期都在开产后（5～6月龄），但是，对ALV最易感的是雏鸡，特别是垂直感染的雏鸡或出壳后不久的雏鸡。如前所述，在一个有80～100只刚出壳雏鸡的运输箱中，如果有1只雏鸡因垂直感染而排毒，可在1～2天内造成同箱内20%～30%的雏鸡被横向感染。随着年龄的增加，鸡对ALV感染的抵抗力迅速下降。只是因为病变发生有较长的潜伏期，这才显得似乎只有到一定年龄才出现白血病的表现。而且，越是早期感染的鸡，越容易发生持续性病毒血症，以后也越容易发生肿瘤。几周龄以后接触感染的鸡，也可能被感染，但发生病毒血症的比例显著下降，而且也只是短暂的一过性病毒血症，感染的鸡也很少会进一步发生肿瘤。

37. 早期感染和成年以后感染对鸡有何影响？

ALV的早期感染，包括先天性垂直感染和出壳后1～2天内感染，特别是

ALV-J，常常会诱发持续性病毒血症，其中有些鸡还会形成免疫耐受性感染，即发生病毒血症后长期甚至终身不产生抗体反应，即V+Ab−感染状态。当先天性垂直感染鸡胚出壳前就已感染ALV时，出壳雏鸡呈现V+Ab−感染状态的比例非常高。早期感染对鸡的致病性最强，几乎所有感染鸡的生长都受到不良影响，还同时会发生免疫抑制，容易发生早期死亡。这些鸡在性成熟前后发生肿瘤死亡的比例也较高。感染的鸡在成年后，有的也能性成熟并产蛋，但大多会造成垂直感染，是种鸡群中垂直感染的主要来源。

成年鸡也能感染ALV，但感染率较低。成年鸡感染ALV后常常检测不到病毒血症，少数鸡也只出现短暂的一过性病毒血症。这些鸡有的会产生抗体反应，抗体反应持续时间长短不一，有些鸡甚至连抗体也检测不出。成年鸡感染ALV后通常不表现明显的临床症状，很少会诱发死亡。但是病毒是否会在体内某些器官组织（如卵巢和输卵管）长期存在并排毒，研究者基本都忽略或回避了这一问题。笔者团队尝试做了些研究。在过去十年对ALV-J在我国蛋用型鸡和地方品种鸡中的流行病学观察和研究中，观察到带有病毒血症的公鸡在人工授精后感染母鸡并导致后代发生ALV-J感染的若干实例。在人工感染试验中，也显示用病毒血症公鸡的精液给SPF母鸡人工授精后，虽然这些母鸡在临床上表现正常，但仍有较低比例的后代雏鸡可分离到ALV-J。这表明成年母鸡可以通过人工授精感染ALV-J，并有可能造成垂直感染。

38. 什么是持续性病毒血症？

出壳后早期感染ALV特别是垂直感染ALV的雏鸡很容易发生病毒血症，而且往往是持续性病毒血症，即这些鸡的病毒血症可持续很长时间，如连续几个月表现病毒血症，有些鸡终生呈现病毒血症，直到性成熟开始产蛋时还有病毒血症。这些母鸡的后代最容易发生垂直感染。当然，这样的鸡在鸡群中的比例不会太高，多数呈现持续性病毒血症的鸡会发生肿瘤死亡，或由于ALV造成的免疫抑制、抵抗力下降后发生其他继发性感染死亡，有的鸡即使临床表现正常，但没有产蛋功能。只有少数持续性病毒血症的鸡仍能产出发育正常的鸡胚，但可能已有垂直感染。这些鸡可能产生抗体反应，但大多数不表现抗体反应，抗体检测始终是阴性。这种状态又称为免疫耐受性感染。这样的鸡还容易从泄殖腔中排毒，可以用泄殖腔棉拭子分离到病毒。

39. 什么是一过性（短暂性）病毒血症？

所谓一过性病毒血症，又称短暂性病毒血症，即病毒血症仅持续短暂的一段时间，只有几天或十几天，然后随着抗体的形成就不再能从血液中分离到病毒。在出壳后一段时间，如2周后感染ALV，会出现一过性病毒血症，通常是不会形成持续性病毒血症的。呈现一过性病毒血症的鸡，往往随后出现抗体反应，其抗体有的持续时间较长，有的很短。呈现一过性病毒血症的鸡只有少数可能发生肿瘤，多数不会发生肿瘤。这些鸡中，只有少数有可能从泄殖腔棉拭子分离到病毒，多数分离不到。

40. 什么是免疫耐受性感染？

如“38问”所述，一些ALV垂直感染的鸡或出壳后不久被感染的鸡可能呈现持续性病毒血症，而且始终不产生对ALV的抗体反应，这种感染状态就称为免疫耐受性感染。可能由于这些鸡在生命初期当免疫功能还不健全时其免疫器官和免疫组织就大量接触了相应的ALV抗原，因而容易形成免疫麻痹，导致对ALV终身没有抗体反应。这样的鸡最容易发生肿瘤死亡，但也有少数鸡可正常性成熟并产出可正常孵化的种蛋。这些鸡从泄殖腔排毒的可能性也最大。

41. 根据抗体和病毒血症状态，ALV感染鸡群中有几种不同感染状态？

在ALV感染鸡群中，有4种不同的感染状态的鸡：病毒血症和抗体反应同时阳性（V+Ab+），病毒血症阳性但抗体阴性（V+Ab−），病毒血症阴性但抗体反应阳性（V−Ab+），病毒血症和抗体反应都是阴性（V-Ab−）。V−Ab−鸡可能是未被感染的鸡，但也可能是被感染过，只是在较大年龄被感染或感染的程度较轻，不足以产生病毒血症和抗体反应。病毒血症阳性的鸡还可能排毒（S+），也可能不排毒或检测时不排毒（S−）。因此，上述四种类型中还可分别加上排毒（S+）或不排毒（S−）。呈现一过性病毒血症的鸡，在泄殖腔中能否检测到病毒是不确定的，有时呈阳性，有时为阴性，与病毒血症的状态不一定完全相符。

42. 近二十年来禽白血病在我国鸡群中发生的基本态势是怎样的？

1990年以前，我国养禽业和禽病界很少有人关注鸡的白血病。20世纪90年代初J亚群白血病传入我国后对白羽肉鸡特别是父母代鸡场造成很大危害，但当时在多数鸡场被误诊为鸡马立克氏病被忽视了。直到1999年我们分别从江苏和山东成功分离到ALV-J，才开始正式确证J亚群白血病在我国的存在。

我国存在着三大类鸡群：白羽肉鸡、蛋鸡和黄羽肉鸡（及地方品种鸡），禽白血病在这三类鸡群中发生态势是不同的，下面分别介绍。总的来说，在白羽肉鸡中，从20世纪90年代初开始流行，通过检疫和市场淘汰，2007年后就不再有关于白血病问题的投诉。在蛋用型鸡中，主要发生在商品代蛋鸡，ALV-J从2004年左右传入蛋鸡，在2008—2010年间全国大流行，但通过严格的检疫和净化措施，从2013年后就不再有J亚群白血病的报道。当前在黄羽肉鸡及地方品种鸡中，虽然已有几个黄羽肉鸡公司在ALV净化上已取得显著进展，个别公司还成功地净化了若干个核心群，但从全国范围看，白血病的问题仍然严重，必须给予高度关注。但近年来，偶尔从个别白羽肉鸡或蛋用型鸡的父母代分离到ALV-J，其来源有待查明。

43. 我国ALV-J的来源是什么？

ALV-J于1988年最早发现于英国的白羽肉鸡。根据科学家的研究，在健康鸡群中某些个体染色体基因组上原来就存在着类似于J亚群囊膜蛋白基因的基因片段。当这一类似J亚群囊膜蛋白基因与其他外源性ALV间发生了偶然的基因重组后就产生了ALV-J。随后，由于各育种公司间相互引种，导致ALV-J迅速蔓延到全球几乎所有的白羽肉鸡育种公司。由于我国过去没有白羽肉鸡，从20世纪80年代起才开始每年持续地从世界上不同国家的多个育种公司引进不同品种品系的白羽肉种鸡，毫无疑问，ALV-J也就随着引进的白羽肉种鸡传进了中国的白羽肉鸡群。而且在21世纪初期以前，我国几乎每年都引进几十万套白羽肉种鸡，这也自然地每年在引进ALV-J。在2006年以前，ALV-J一直在我国白羽肉鸡中造成严重危害，肿瘤直接死淘率平均为3%～5%，个别父母代种鸡场在18～24周内肿瘤直接死淘率达到19.4%。

44. ALV-J是怎么传进我国蛋鸡群中的？

在我国的蛋鸡群中，从2004年起就开始发现典型的骨髓细胞瘤病例，随后我们从蛋用型鸡场的典型的骨髓细胞样细胞瘤病鸡分离到ALV-J。在随后几年中，蛋用型鸡群中由ALV引发的白血病日趋增加，在发生骨髓细胞样细胞瘤的同时，还有很多病鸡体表出现血管瘤。这是从哪里传入的呢？我国各地饲养的蛋用型鸡的种源绝大部分是靠每年进口的祖代鸡繁育的后代，最初有人怀疑也同白羽肉鸡的ALV-J一样来自进口的蛋种鸡。但是，全球各跨国育种公司在1987年前就已实现了外源性ALV的净化，而且近二三十年来仍一直坚持严格的检测。ALV-J在20世纪90年代在全球白羽肉鸡中普遍暴发后的二十多年中，国外几乎没有蛋鸡发生ALV-J感染的报道。因此，不大可能来自进口的蛋用型种鸡，更何况还有一些来自同样进口来源的公司的蛋鸡中从来没有发生J亚群白血病肿瘤和血管瘤。几年的流行病学调查表明，由于我国蛋用型种鸡公司缺乏禽白血病的基本知识，他们采用的不合理的饲养管理和育种模式特别是将白羽肉种鸡与蛋用型种鸡在同一个鸡场混养，而且还使用同一个孵化厅，导致了将ALV-J从白羽肉鸡群引进了蛋用型鸡。然后逐年放大，最后在2008—2010年期间在全国许多商品代蛋鸡场大暴发，造成了严重的损失。

45. ALV-J是怎么传进我国黄羽肉鸡和地方品种鸡群的？

早在2005年左右，笔者团队就已在某些大型黄羽肉鸡场发现ALV-J引起的肿瘤，而且多次从多个鸡场分离到ALV-J。这些ALV-J的基因组序列与从白羽肉鸡分离到的某些ALV-J高度同源。为此可以推测，黄羽肉鸡中的ALV-J也是来自白羽肉鸡。实际上，早在1980年初，我国南方的养鸡公司培育黄羽肉鸡时，就是用白羽肉鸡和我国各地不同的地方品种鸡杂交后从其后代选育而来的。在杂交过程中也就自然把白羽肉鸡中的ALV-J带进了黄羽肉鸡，然后逐代放大、逐渐蔓延。而且，这些公司更是将白羽肉鸡种鸡、培育形成的黄羽肉鸡种鸡与原始地方品种鸡混养在同一鸡场，共用同一孵化厅。这又进一步将ALV-J传到不同的地方品种鸡群中。经过近20年在黄羽肉鸡和地方品种鸡中的逐渐传播，这些ALV-J也在发生变异，越来越适应这些品种鸡，对这些黄羽肉鸡和地方品种鸡的传染性和致病性也逐渐增强。

46. 我国白羽肉鸡场J亚群白血病的发生和控制经历了哪些阶段？

1990年后ALV-J在全球几乎所有白羽肉用型鸡群中普遍暴发流行，造成很多育种公司倒闭，有些具有优秀遗传性状的品系也不得不退出市场。《国际家禽（World Poultry）》杂志曾载文称，“全球养禽业将会记住1997、1998年是禽白血病灾难年”。但是，一些育种公司经过近十年的持续努力，先后成功地实现ALV-J的净化。到2005年左右，商业运行的各跨国种鸡公司基本上实现了对ALV-J的净化。

如前所述，从20世纪90年代初期开始，我国在每年引进白羽肉种鸡的同时，也带进了ALV-J，并给我国的肉鸡业带来了巨大经济损失。从2001年起，销售美国爱维杰公司白羽肉鸡AA和Ross308的、中国的几个白羽肉鸡祖代鸡公司如山东益生种畜禽公司、北京爱拔益加家禽育种公司和北京大风家禽育种公司与山东农业大学合作，首先用病毒分离法对进口的祖代鸡雏鸡开展ALV-J的检疫，这保证了这些公司从2002年后开始向全国提供ALV-J净化的种鸡。ALV-J净化促进了这些公司的种鸡迅速扩大在全国的市场占有率。与此相反，在20世纪90年代曾花费很高代价引进原祖代种鸡的、已在我国占有一半以上肉鸡市场份额的爱维因品系肉鸡，却因为ALV-J感染日趋严重，而于2005—2006年间完全退出了市场。随着2005年后全球所有商业运行的各跨国种鸡公司基本上实现了对ALV-J的净化，我国又开始引进无ALV-J的其他品系肉鸡以保证品系的多元化。2007年以后，我国很少再有关于白羽肉鸡中J亚群白血病的投诉了。

47. 我国蛋用型鸡场J亚群白血病的发生和控制经历了哪些阶段？

如前所述，由于不合理的育种和饲养管理模式，ALV-J在2000年代初也传进了我国蛋鸡群，这既发生在进口种鸡的后代，也发生在过去十年中自繁自养的原种鸡的后代。2008—2010年间ALV-J在全国范围内大暴发，受到全行业的高度关注。各父母代种鸡场纷纷自发地对祖代鸡公司开展检疫，致使一些有ALV-J感染的祖代鸡或父母代种鸡公司退出了市场。自繁自养的原种鸡也成功持续开展了ALV的彻底净化程序。因此，2013年后，在全国范围内，已几乎不再有J亚群白血病的投诉。

48. 我国黄羽肉鸡和地方品种鸡群中J亚群白血病的发生和控制现状如何？

由于黄羽肉鸡的品种品系非常多样化且规模相对较小，因此种鸡场和商品代肉鸡场的数量都很庞大（我国每年出栏约40亿羽黄羽肉鸡）。如前所述，ALV-J在过去十多年中逐渐适应黄羽肉鸡和地方品种鸡，其对黄羽肉鸡和地方品种鸡的感染性和致病性也日趋增强，不仅在种鸡可造成肿瘤死亡，而且也已对商品代肉鸡的生长速率造成严重不良影响，并显著提高商品代肉鸡的死淘率。虽然有几个大公司已经连续采取了多年净化措施，也取得了很大的进展，个别大型育种公司的核心群甚至已基本实现净化，但大多数种鸡场的问题还很严重。在过去五年中，一些原来没有ALV-J感染的品种也出现了感染，一些原来仅有感染但感染后并不发病的品种，也开始出现肿瘤死亡。显然，黄羽肉鸡和地方品种鸡已成为我国白血病防控的重点，必须给予高度关注。

49．当前我国黄羽肉鸡和地方品种鸡中流行的主要是什么亚群的ALV?

根据山东农业大学近三年对山东、江苏、浙江一带的黄羽肉鸡和地方品种鸡的调查，从22个不同品种品系鸡群分离到的47株ALV中，K亚群23株（48.9%）、J亚群18株（38.3%）、A亚群4株（8.5%）、C亚群2株（4.3%）。但是，从这些鸡场的肿瘤病鸡分离到的绝大部分是J亚群，其余亚群都是在流行病学调查或净化检测中从临床健康鸡分离到的。这也说明J亚群ALV致病性最强。但K亚群比例最高，多年来却被忽视了，一个重要原因是K亚群在细胞培养上生长复制比较慢，容易被忽略。

50．为什么现在仅仅从黄羽肉鸡和地方品种鸡分离到K亚群？说明什么？

到目前为止，山东农业大学家禽肿瘤病实验室一共分离到26株ALV-K，但都是从黄羽肉鸡和地方品种鸡分离到的，最近扬州大学和华南农业大学分离鉴定到K亚群，也都是从黄羽肉鸡分离到的。迄今为止，还没有从白羽肉鸡或蛋用型鸡分离到K亚群。由于白羽肉鸡和蛋用型鸡的种源都来自欧美国家，所以我们推测，ALV-K乃是我国或东亚地区的地方品种鸡群中固有的亚群，也就是说这个亚群已在中国和东亚地区的固有鸡群中长期存在很多年了。

51．ALV-K的致病性怎样？

根据人工感染试验结果，ALV-K也可以诱发肿瘤，但致病性不高，如同A/B亚群那样在人工感染的鸡中只有很低比例的鸡（如1%～2%）发生肿瘤。但是由于它在我国黄羽肉鸡和地方品种鸡中分布较广，随着黄羽肉鸡的规模越来越大，很可能也会演变出致病性较强的毒株。因此，对ALV-K要像对其他外源性ALV一样采取严格的净化措施。

52．如何防控鸡群禽白血病？

对于动物病毒性传染病，主要靠三个途径：种源净化、环境生物安全和疫苗接种。在欧美等发达国家，始终将种源净化、环境生物安全作为首先必须采取的措施，其次才考虑是否选择疫苗接种。对于鸡群禽白血病的防控来说，在过去50年中，全球跨国育种公司更是以种源净化作为最基本、最关键的预防控制措施，主要是在核心群实施净化措施，而且取得了很大的成功。这是因为，ALV在环境中的抵抗力很差，环境的生物安全比较容易做到。至于疫苗接种，现在还没有有效的疫苗，所以更不在考虑之中。

53．为什么现在没有预防禽白血病的有效疫苗？将来呢？

这主要是因为鸡对ALV抗原成分的免疫反应较差。这可能与鸡的基因组中都带有内源性ALV有关，在鸡生命早期相关抗原即使发生非常有限量的表达，也可能造成免疫麻痹相关。这可能就是为什么早期感染ALV后鸡很容易产生免疫耐受性感染，也可能是即使成年鸡感染ALV后也不是每一只鸡都能表现出抗体反应的原因。此外，既然能够通过净化来预防控制禽白血病，疫苗公司看不出疫苗的市场前景，也不再投入人力和资金来研发本来就很难研制的疫苗了。

山东农业大学禽白血病实验室也曾尝试用各种方法来研制针对禽白血病的疫苗，但未能获得理想效果。虽然有些亚群囊膜蛋白的亚单位疫苗能诱发一定的抗体反应和保护性免疫，但持续时间不长，且不能保证每只鸡都产生抗体反应。而且，当时研究疫苗的目的不是为了研制广泛应用的商业化疫苗，仅限于尝试通过有一定保护性免疫效果的疫苗来加快种鸡核心群的净化进度。

54．为什么我国种鸡群必须尽快实施白血病净化？

在过去20年中，全世界其他国家基本已不再有禽白血病的流行，但我国还有许多鸡场存在ALV的发生和流行。近年来，虽然我国学者在国际学术期刊发表了许多有关禽白血病的SCI论文，但这不代表我国养禽业和禽病界的水平高。相反，这反映了我国养禽业的疫病控制技术水平显著低于国际上普遍达到的水平，这与我国经济发展达到的水平很不相称。与我国养禽业更直接的关系是，如果我们不尽快采用和实施白血病净化的措施，不仅禽白血病会继续蔓延，更重要的是在我国饲养量如此大的情况下，大量感染的鸡群中可能会演变出感染性和致病性更强的ALV毒株甚至亚群！

55．种鸡场实现白血病净化后有什么直接经济效益和市场价值？

自2002年以来，我国对种鸡场是否实施和实现外源性ALV的净化有着正反两方面的经验和教训。2005年以前，我国肉鸡产业的50%以上的商品代肉鸡的苗鸡是由用巨资从国外引进并在国内自繁自养的艾维因品系原祖代白羽肉种鸡提供的，对国外进口的依赖度不到一半。但是，由于原种群感染了ALV-J但未能采用严格的净化措施，禽白血病使其失去了市场竞争力从而不得不退出市场，随后又丢失了原始种群。这不仅使相关种鸡公司蒙受了重大经济损失，也使我国白羽肉鸡业现在不得不100%依赖进口。与此相反，从事蛋用型鸡育种的北京峪口禽业虽然在2009年也经受了ALV-J的冲击，但他们立即对核心种鸡群实施连续数年的严格净化措施，基本实现了净化，重新赢得了市场，扩大了市场占有率。这不仅为企业本身获得了盈利，更重要的是这也帮助我国蛋鸡业不必完全依赖进口的种鸡，这一点在2015年初表现得尤为突出。由于我国种鸡的主要进口国发生禽流感因而海关禁止进口，这对白羽肉鸡业带来了很大冲击。然而，我国自繁自养的蛋用型种鸡却足可以抵消禽流感造成的贸易禁运给蛋鸡业带来的影响。如果考虑到产业的战略安全，其意义可能更大。

从具体的种禽企业角度来看，实现核心群的白血病净化，不仅可降低肿瘤造成的死亡率，也可提高产蛋率，生产效益大大提高。特别是这可显著提高客户商品代鸡的存活率、生长率和产蛋率，因此能通过高质量的后代苗鸡来提高种鸡公司在客户中的信誉度，从而提高市场占有率。可以预测，在今后3～5年内，当有2～3个黄羽肉鸡公司实现禽白血病的净化后，其他黄羽肉鸡的种鸡公司将会面临退出市场的风险！

56. 怎样鉴别诊断禽白血病？

对于禽白血病的诊断来说，针对不同的对象和目的，有不同的诊断目标和内容。具体地说，诊断对象是针对群体（鸡场）还是一些的临床发病个体，是为了确定一个群体（鸡场）有无外源性ALV感染，还是为了确定病鸡的肿瘤是否是由禽白血病引起的。为了这两种不同的对象和目的，检测的目标和内容及检测手段不完全相同，具体方法见下面的问题回答。

57. 如何才能对肿瘤病鸡做出确切的鉴别诊断？

在现实生产中，当鸡场发生肿瘤时特别是在一个短时期内发生一定数量的肿瘤死亡病例时，鸡场都希望确定究竟是哪种病毒引起的肿瘤，想知道ALV肿瘤在鸡群总体死亡中究竟起多大作用。此外，在涉及种鸡场与客户鸡场之间、鸡场与疫苗公司之间因肿瘤病发生经济纠纷时，也需要确定是什么引起的肿瘤。在这种情况下，仅仅确定有无ALV病毒是不够的，还需要利用流行病学资料、病毒学和病理学的检测手段来确定每个具体的临床肿瘤病例是否就是禽白血病性肿瘤，还是由（或有）其他病毒引起的肿瘤或类似病。在病原学方面，要同时准备分离检测3种不同的肿瘤性病毒。此外，要对疑似有肿瘤的脏器做病理组织切片。只有在同一只鸡，既分离到外源性ALV（通常是ALV-J）又显示符合禽白血病肿瘤的病理组织学特点时才做出禽白血病肿瘤的结论。同时，根据病毒分离结果，还可能存在有MDV或REV共感染的可能性，或存在着马立克氏病的肿瘤。

在鸡群中有几个不同的病毒能诱发肿瘤或类似的病理变化，如鸡马立克氏病病毒、禽网状内皮组织增殖症病毒和鸡戊肝病毒等。因此，对临床上发生肿瘤的病鸡要做出确切的鉴别诊断，就需要分别做出病原学和病理学的全面检测，然后才能对每个肿瘤病例做出准确的判断。鉴于鸡群中可能存在不同病毒分别诱发的肿瘤，一只鸡的鉴别诊断，即使是病理学和病原学方面都做了完整的检测，也不能代表全群或全鸡场的状态。因此，对于鸡群（场）的鉴别诊断来说，必须要对一定数量肿瘤病鸡进行全面检测，这虽然大大增加了工作量，但对于群体病毒性肿瘤病的感染和发病状态做出科学判断来说是必需的。另外，也正因为对同一鸡群的多只病鸡做了全面检测，有助于提升鉴别诊断的可靠性和科学性。

58. 如何实施对鸡群（场）ALV感染状态的鉴别诊断？

对于现代规模化养鸡业来说，鉴别诊断的主要目的是为了对一个群体疫病的预防控制。对于禽白血病的预防控制来说，就是要确定一个种鸡群（鸡场）是否需要实施ALV净化措施，即明确无误地确定究竟有无外源性ALV感染，不论鸡群中是否发现肿瘤病例。如果正在实施净化，就要随时掌握已达到的净化程度，即感染率有多高。这样才能有助于判断所产的雏鸡是否完全没有垂直感染，能否安全地提供给下一代客户，避免在客户鸡场造成损失及带来经济纠纷。如果有感染，也可根据种鸡群的感染率来判断在下一代客户鸡场可能造成危害的风险程度。

为了这一目的，就要从群体的不同组分选取一定数量个体分别采血进行病毒分离或抗体检测，或采集蛋清、胎粪检测p27抗原。为了确保检测结果的可靠性，采集样品的数量必须足够大，例如不低于总鸡数的1%～2%，如果群体较小通常也要采集200只以上的样品。在感染率高的鸡群，可选用偏低的数量，而在感染率较低的鸡群（如感染率可能低于1%）时，样品采集量应大于200只鸡，以避免漏检。由于我们的目的是发现感染的鸡，选择有肿瘤的病鸡或发育较差的鸡采集样品，可能更有利于检测出感染鸡。

59. 病理组织切片检测对禽白血病临床病例的鉴别诊断很重要吗？

很重要，因为只有通过病理组织学检测才能确认肉眼看到的病变确实是肿瘤而不是炎症坏死或其他病变，也只有通过病理组织学检测才能确定是什么细胞类型的肿瘤。在鸡的所有的病毒病中，病理组织学检测对病毒性肿瘤病的鉴别最有诊断价值。

60. 对肿瘤病鸡，在分离到ALV时为什么同时还要做病理组织检测？

多数鸡在感染ALV后往往仅表现亚临床感染，不一定发生肿瘤，而其他病因也会诱发肿瘤或类似肿瘤的肉眼病变。只有当肿瘤的病理组织变化符合相应亚群的肿瘤细胞类型时才能确证。例如，当分离到ALV-J后，组织切片显示骨髓细胞样肿瘤，那基本上就可以确证是J亚群骨髓细胞样瘤，但如果看到的是淋巴细胞样肿瘤组织，那还要考虑有无MDV感染及其引起的马立克肿瘤，或A/B亚群ALV引起的淋巴肉瘤，或REV引起的淋巴肉瘤等。还要与戊肝病毒引起的大肝大脾病的淋巴细胞炎性浸润相区别。

61. 对病理组织检测判定为肿瘤的病鸡为什么同时还要做病毒分离？

病理组织切片观察可以确定为肿瘤，但不一定能确定是什么病毒引起的肿瘤。例如，当病理切片显示淋巴细胞瘤时，并不能确定是ALV、MDV和REV三种病毒中的哪种病毒引起的，因而也不足以为此提出相应的预防控制措施。必须在病毒分离鉴定后才能确定应该针对哪种病毒采取措施。在比较常见的由ALV-J引起的骨髓细胞样肿瘤中，那种在肝脏细胞质中带有许多嗜酸性颗粒的肿瘤细胞，有时很难与大肝大脾病中戊肝病毒引发炎症反应中的嗜酸性粒细胞相区别，只有同时做病毒分离才能完成确诊。

62. 为了确定鸡群（场）是否有ALV感染，哪种检测方法最可靠？

上面提到了可以用采血分离病毒或检测抗体，或采集蛋清、胎粪检测p27抗原等不同的方法，来检测鸡群中有无外源性ALV感染，其中以采血分离病毒的方法最为可靠。说它可靠是指它的特异性最可靠，也就是说，只要分离鉴定到外源性ALV，就可确定该鸡群存在着ALV感染。作为种鸡群特别是核心群，一旦病毒分离检出阳性，就必须采取净化措施。但是，也不可能一次检测就把所有的感染鸡都检测出来。这一是因为病毒分离技术本身就不能保证把所有病毒血症阳性的鸡全部检测出来；二是，很多感染鸡的病毒血症是间隙性的，即多数感染鸡不一定呈现持续性病毒血症，只有在正处于病毒血症期的鸡才能分离到病毒。

其他几种检测方法，操作都比较简单，而且电脑读数，容易标准化，但都有一定比例的假阳性。对ALV血清抗体的检测，不论是针对A/B亚群还是J亚群的ELISA试剂盒，检测结果都可能有一定比例的假阳性，其假阳性率随选用的试剂盒的来源和批号不同有较大差异。此外，还随鸡的品种不同也有一定差异。特别是当阳性率不高时，如3%以下时，我们很难判定这是真阳性还是假阳性。目前针对ALV-p27抗原的ELISA检测试剂盒的稳定性都比较好，但它不能区别内源性和外源性ALV。因在胎粪和蛋清中都可能存在内源性ALV表达的p27，因此p27检测结果已存在一定比例的假阳性，当检测结果出现较低的阳性率时，如1%～2%，也很难判定鸡群是否真的感染了外源性ALV。这与样品本身有关，不同品种鸡的假阳性率也不一样。

63. 胎粪和蛋清样品中p27检测的假阳性反应是从哪里来的？其他组织样品中也有吗？

如前所述，几乎所有鸡个体的体细胞和生殖细胞的基因组中都带有完整的或缺陷性的ALV的前病毒遗传序列，即内源性ALV或*ev*位点。不仅完整的ALV前病毒序列能在一定条件下表达p27，某些不完整的ALV前病毒序列也可能表达p27，这就构成了非特异性p27的来源。这不仅取决于有无与p27相关的衣壳蛋白*gag*基因的存在，还取决于细胞的内在环境是否适宜*gag*基因的表达，即还受到其他多个基因的影响，这在不同的个体是不同的。此外，p27的表达在不同细胞也不同，有些细胞中表达量高一点，有些细胞中表达量低一些，有些细胞向细胞外分泌量多一点，有些少一点。除了胎粪和蛋清外，其他组织样品如泄殖腔棉拭子、血浆、精液等也都存在由内源性ALV表达的p27，而且在这些样品中非特异性p27的表达量可能更高。

64. 为什么不提倡采集泄殖腔棉拭子作为检查p27抗原的主要样品？

我国一些种鸡场在实施ALV净化的初期，大多采集殖腔棉拭子作为检查p27抗原的主要样品，并作为被检测鸡是否为感染鸡的指标，但多年来在生产中普遍应用的效果很不理想。假阳性率太高，有时很难为育种专家所接受。通常在一个临床健康的种鸡核心群，泄殖腔棉拭子的p27阳性率可达10%～30%；有些品系的鸡即使没有白血病的明显临床表现，阳性率甚至高达90%，显然这是假阳性。按如此高的假阳性来淘汰种鸡的核心群，这是不现实的，也不可能为育种专家所接受。而且，即使按如此高的阳性率淘汰阳性鸡后，保留的阴性种鸡群的后代p27阳性率虽然会显著下降，但常常在下一代又反弹，或者降到一定百分比就很难再继续下降，总是保持在一定水平。此外，泄殖腔棉拭子检测p27也会漏检，即在表现很高的假阳性率的同时，也有假阴性。

65. 泄殖腔棉拭子检测p27会漏检外源性ALV感染鸡吗？

会的。即使泄殖腔棉拭子的假阳性率如此高，但对样品p27检测仍然可能出现假阴性，即对某些外源性ALV感染鸡呈现阴性反应，即假阴性。笔者团队曾对30只人工感染鸡的病毒血症、抗体反应、泄殖腔棉拭子p27进行了比较。毫无疑问，多数鸡在病毒血症和p27检测上同时都是阳性，但其中有一只鸡的泄殖腔p27检测为阴性但病毒血症确是阳性。这也是为什么在ALV净化程序中我们不提倡采用泄殖腔棉拭子作为p27检测样品的另一个原因。

66. 为什么对种鸡在开产初期及留种前既要采血分离病毒又要检测蛋清中的p27？

因为多数感染鸡，不论是病毒血症还是向蛋清中分泌p27都呈间隙性，任何一种方法都不可能在一次采样中检测出所有感染鸡。更为重要的是，一些呈现病毒血症的母鸡不一定在这个时期就会向蛋清中排毒或分泌p27。同样，正在向蛋清中排毒或分泌p27的鸡不一定呈现病毒血症。在感染的不同时期，有的鸡主要表现为病毒血症，而有些鸡主要表现为生殖道特别是输卵管黏膜的局部感染。

67. 为什么要强化种公鸡的精液检测？

一定同时要检测精液。如前所述，生产中经常利用公鸡精液给种母鸡人工授精，若精液中带有ALV、特别是ALV-J不仅能感染母鸡，而且被感染的母鸡还可能进一步产生垂直感染。这对于ALV在种群中的传播带来的危害更大，因为一只公鸡的精液可约供给20只母鸡进行人工授精。

68. 为什么对公鸡采血做了病毒分离后还要检测精液?

就如同病毒血症和蛋清p27检测一样，二者不同步。一些呈现病毒血症的公鸡不一定这个时期就会向精液中排毒或分泌p27。同样，正在向精液中排毒或分泌p27的公鸡不一定呈现病毒血症。在感染的不同时期，有的鸡主要表现为病毒血症，而有些鸡主要表现为生殖系统不同组织如前列腺、输精管黏膜的局部感染。

69. 如何检测精液中的ALV感染?

既可以检测p27，也可以在细胞培养上分离病毒。用ELISA试剂盒直接检测精液中的p27，操作简单易学，但有些品种鸡公鸡精液中内源性ALV造成的假阳性率太高，可达60%以上甚至80%以上，这就会淘汰太多的公鸡。对这些品种，建议采用细胞培养分离病毒来确定公鸡的感染状态。

70. 如何利用精液进行病毒分离?

最重要的是避免细菌感染。在采精过程中，必须严格消毒相关器具、采精前先用酒精棉球擦拭公鸡阴茎周围。注意：精液一定要用生理盐水按1：(4～8）稀释，然后在4℃离心机上按每分钟10 000转的转速离心10分钟，以最大限度地除去可能污染的细菌。然后接种细胞，按常规方法分离病毒。

71. 如何从市场上选择质量好的ELISA-ALVp27抗原检测试剂盒?

在ALV净化程序中，几乎每一种检测方法都要用到ELISA-ALVp27抗原检测试剂盒，它的质量直接影响到检测结果。目前在我国市场上已有多家公司在生产销售检测p27的试剂盒，选择产品的质量好坏，对净化过程的进度和效果影响非常大。总的来说，市场上现有的产品在特异性上都没有问题，近十年来还没有任何用户对任何一家产品的特异性问题提出投诉。这些不同产品在质量上的差别主要表现在检测灵敏度上的差异。应用灵敏度高的产品来检测不同的样品可以检出更多的阳性样品，因而大大降低漏检率，从而大大提高每一世代净化的程度，加快净化的进度。因此，用户在购买试剂盒时，一定要对不同厂商的产品做一个比较试验。具体地方法在中国农业出版社2015年出版的《禽白血病》一书中已做了详细描述。简单地说，就是将已知亚群的白血病病毒按不同的稀释度分别接种一个细胞培养皿，并设一个培养皿不接种病毒作为对照。在接种后的2～9天每天分别从各个培养皿中收集一定量（视有几个产品需要比较）上清液置于−20℃冰箱保存，并对每个培养皿补充相应量的新鲜培养液继续培养。连续收集每天的上清液，直到接种后9天。然后用不同厂商的试剂盒检测接种病毒后不同天数采集的所有上清液中的p27抗原。哪一个试剂盒能在接种最大稀释度的病毒后最短培养天数内（最早）检测出p27，且阴性对照样品也是阴性，那么这个试剂盒对p27检测的灵敏度最高。我们过去每次采购招标时，都先用这个方法做技术比较，以保证所用试剂盒的质量。我们在过去几年里多次成功地采用了这个方法。这个方法既是科学合理的，也能保证公正性和透明度。因为在检测前将所有已知样品随机编号后交给各销售商的技术代表自行分装后，由他们采用同一套机器用他们有批号和生产日期的试剂盒检测。在他们提交检测结果后，再与随后公开的样品的真实背景做比较。

72．不同试剂盒检测胎粪的结果经常不一致，如何取舍？

这要看不同试剂盒的检测结果如何不一致，是否仅涉及灵敏度还是在灵敏度和特异性上都有显著差异。例如对同一批胎粪同时检测后，商家A的试剂盒检测到的阳性率显著高于B，而且商家B试剂盒检测阳性的大多数样品，商家A试剂盒检测也是阳性，应看做二者间只是灵敏度的差异。如果A检测的阳性率（淘汰率）在育种专家可接受的范围内，建议以高的阳性率为依据。但是，如果两个试剂盒检测结果吻合率不高，如A检测为阳性的样品而B检测为阴性，或A检测是阴性的样品，而B检测是阳性，这表明两个试剂盒中至少有一个的特异性有问题。这时只有通过实验室对已知样品进行检测比较，但这比较复杂。较简单一点的是，用细胞培养中已知ALV含量的细胞上清液作为比较样品，其操作方法见本书第二章。但是，细胞培养液作为样品的结果不一定完全代表胎粪作为样品的结果。这时需要利用SPF鸡胚或从已经完成净化的种鸡场购买受精鸡胚，由此孵化出的雏鸡的胎粪作为已知阴性样品。再从ALV感染严重的种鸡群购买受精蛋，由此孵化出的雏鸡的胎粪作为已知阳性性样品。对这些样品同时用不同的试剂盒检测，比较分析检测结果，就可以对商家的试剂盒特异性和灵敏度作出准确的判断。

73．同一个体不同方法检测（PCR、抗体检测、病毒分离、棉拭子检测等）结果不一致，如何处理？

在对外源性ALV的不同检测方法中，以病毒分离法最好，只要分离到病毒就一定是真阳性，而其他方法都有一定的假阳性和假阴性，特异性、灵敏度也不会高于病毒分离法。在操作得当时，病毒分离法的灵敏度也比较高，优于其他方法。当然病毒分离法也会漏检，这也是在净化程序中要同时做胎粪和蛋清p27检测的原因。

74. 在实施种鸡场ALV净化过程中最需要解决的问题是什么？

实施净化程序，技术团队能否协调一致地工作，这是首先需要解决的最重要的问题。一些种鸡公司，包括一些大型种禽公司，ALV净化已实际实施了多年，但成效并不明显，其最重要的原因多是实施净化的技术团队中分别负责育种与兽医方面的专家未能协调一致地工作，即在具体步骤和措施的决策上没有协调好。育种专家还没有充分认识到ALV的危害特别是对核心种群的后几个世代的严重危害，从而过分强调对现有留种群选留需求的重要性。而兽医专家则不熟悉育种流程及选留优秀性状个体的价值，从而在制订净化方案时忽视了保留优秀遗传性状个体的重要性，没有能设计出一种既能保证净化程序有效推进，又能照顾到优秀个体保留的选择性方案。当然这有难度，但只要双方耐心协商，是可以针对每个鸡场的具体情况和条件设计一个可行方案的。在这种情况下，公司总经理应该直接参与方案的制订，特别是在邀请国内外ALV净化专家到现场咨询的情况下共同作出最终决定。

75. 要实现种鸡场核心群净化，必须实施的检测和淘汰净化的具体步骤是什么？

由于不同种鸡场培育品种的遗传特性不同、鸡场鸡舍结构和育种程序各有特点，对于不同原种鸡场核心群的禽白血病净化来说，并没有一个完全相同的标准方案。但有两个共同的因素是必须考虑的，即：一方面，在每个世代要尽最大可能检出和淘汰外源性ALV带毒鸡，对每个世代的净化程度越高，那么实现完全净化的周期也越短，因而总体费用也越低；另一方面，没有哪一种方法能一次性把鸡群中的感染和带毒鸡都检测出来，而且不同的方法检测出的带毒鸡也不会完全一致，增加检测的次数和同时采用不同的方法会增加净化成本和工作量，但确实可显著提高检出率、强化对每一世代的净化率，因而能显著加快进化进度，在经济上最终是值得的。结合发达国家在过去30年的成功经验和我们近十年来指导不同鸡场开展ALV净化的经验教训，我们提出以下方案作为ALV净化的基本步骤：

（1）23～25周龄留种鸡开产初期，对每只鸡采血分离病毒和检测蛋清（或精液）p27抗原，淘汰所有检测阳性鸡。

（2）40～45周龄留种前，再次对每只鸡采血分离病毒和检测蛋清（或精液）p27抗原，淘汰所有检测阳性鸡。

（3）种蛋的选留和孵化：对选留的每只母鸡，应只用选留的公鸡群中的1只公鸡的精液授精，不要将精液混合授精。将每只母鸡所产种蛋置于同一标号的专用纸袋（纸袋要求见第81问）中，再转到出雏箱中出雏。

（4）出壳雏鸡胎粪采集和p27检测，淘汰阳性鸡同一母鸡的所有后代及其母鸡。公鸡根据所有授精母鸡后代检测结果判定淘汰还是保留。

（5）将选留的雏鸡以母鸡为单位单笼隔离饲养。

（6）6～8周龄育雏后期采血分离病毒，淘汰阳性鸡及同笼所有同胞。

（7）对选留的后备种鸡，如果不是笼养，应维持小群隔离饲养，直至开产。

以上是一个世代的全过程。然后转入第二世代的饲养管理和检测净化。下面将进一步具体解释每一步骤的实施要点和注意事项。

76．在一个种鸡场核心群启动净化程序时，从上述步骤的哪一步开始较好？

净化程序本来就是一个世代到下一个世代的循环操作，只要条件具备准备启动净化，从上面（1）到（6）的任何一步开始都可以，但是按上述的次序开始第一世代比较方便。因为种鸡核心群在留种前的数量最小，检测数量最小，因此成本最低、操作工作量最小。通常，为下一代留种都要达40周龄左右，即在种鸡的各种生产性能都已充分表现。这一期间比较长，对鸡场安排各项准备工作在时间上机动性较大。可以早开始几天，也可以晚几天。对一群鸡可以在同一天采样，也可以分几批采样检测。而对于出壳雏鸡在时间安排上就没有灵活性，且采样量要大4～5倍。下面一个问题将会对此解释。

77．在刚开始启动净化检测的鸡场，为什么不建议先从雏鸡胎粪检测这一步开始？

首先，对胎粪p27检测有严格的时间要求，即必须在大多数雏鸡出壳后立即开始，而且越快获得检测结果越好，至少当天必须完成，因为雏鸡在出雏袋里等着呢！而且这一步的采样检测量是种鸡检测的5倍左右，如果没有对大批量样品做ELISA检测的经验和技术熟练性是很难实施的。特别是，还要涉及每个样品的编号。更何况，这一阶段有多个分别由不同人操作的工序，如从每个有母鸡编号的出雏袋分别取出雏鸡佩戴翅号、翻肛雌雄鉴别并将胎粪挤入带好的指型管、将雏鸡放入带有母鸡编号的新的出雏袋等待检测结果、将胎粪管置入一个有母鸡编号的小纱布袋中于液氮中速冻后再融化、将各融化的胎粪管依次置入编号的96孔试管架供下一步ELISA检测胎粪中的p27等，以上每一步都有专人操作同时有专人编号，多道环节连续操作，整个程序要经过5～6小时才能完成，稍有不慎就会导致结果混乱。显然，没有在其他步骤中对大量样品做ELISA检测的经验就直接做这一步是不可取的。

78. 为什么在ELISA检测前要在液氮中冻融胎粪？

经验表明，冻融有助于胎粪中的p27游离出来，提高对p27的检出率。

79. 为了组织好雏鸡胎粪检测p27这一步，有什么更多的建议？

鉴于胎粪检测p27有上述如此多的环节，而且需要的人手很多，当大型育种公司同一批鸡群较大，鸡胚出壳时间超过10～12小时时，要2～3批人员轮换操作，这绝不是育种和兽医实验室的检测人员所能完成的，这需要公司组织其他部门人员参与编号等辅助工作。因此，在正式对雏鸡采样操作前几天，就要对所有参加人员做好培训和现场演练。从而让负责不同环节的人员能顺利、协调地工作。

80. 为什么在孵化到18天时，要把同一只母鸡的胚放在同一只出雏袋里出雏？

刚刚出壳的雏鸡对ALV是最易感染的，如果有个别留种母鸡或公鸡被漏检了，其发生垂直感染的后代不仅会对同胞雏鸡造成横向感染，也会对其他雏鸡造成横向感染。在孵化箱中或在出雏后的雌雄鉴别、采集胎粪、断喙、疫苗接种期间，如果密集地集中在一起，很容易造成横向传播。为了避免出壳后的这种横向感染，必须让每只母鸡的后代都集中在一个出雏袋（如果同胞太多，可分2个袋）中出壳。当然，在出壳后的雌雄鉴别、断喙、疫苗接种期间每个代间要相互隔离。

81. 对出壳袋有什么技术要求？

基本原则就是在保障足够通气的条件下不能让雏鸡从出雏袋中将头伸出来，从而避免非同胞雏鸡的任何直接接触。这种出雏袋可用类似“麦当劳”餐厅的包装纸袋——牛皮纸袋，在高于雏鸡头部的位置于两侧各打4～5个直径1厘米左右的小孔。注意，在纸袋的底部要放一张粗糙、防水的纸，避免鸡打滑扭伤鸡腿。当然，也可用其他材料制备类似的盒子代替这种出雏袋，但同样要保证防止不同母鸡后代在出壳后的直接接触。每个出雏袋都要按母鸡的号编号。

82．为什么在处理完每只母鸡后代雏鸡后都要更换手套或在消毒水中洗手？

这是为了避免抓鸡、特别是翻肛的手指被已感染的雏鸡污染（泄殖腔最可能带有排出的病毒，翻肛的手指最容易被污染），然后通过接触再横向感染其他雏鸡。

83．如果用消毒液洗手，应该用什么消毒剂？

ALV对各种消毒剂都很易感，可以任选一种在鸡场常用的消毒剂。

84．为什么在给雏鸡出壳后注射疫苗时，对每一只母鸡的后代都要更换针头？

在留种母鸡中如果有漏检的感染鸡，则可能产生垂直感染的雏鸡，这些鸡在一出壳后就可能呈现病毒血症。给这些发生病毒血症的雏鸡接种疫苗后，在针头上可能带有少量的血或组织，这就可能将其中携带的ALV直接注射到随后的雏鸡中，这就类似于用病毒人工接种，感染的风险是很大的。

85．为什么雏鸡出壳后经胎粪p27检测阴性的同一只母鸡后代都应在一个笼中隔离饲养？

对选留的雏鸡，以母鸡为单位，同一母鸡的雏鸡放于一个笼中隔离饲养。每个笼间不可直接接触，包括避免直接气流的对流。饲养期间要采取避免横向传播的措施。这是基于两个原因：一是任何一次检测都不可能把所有感染鸡都检测出来，每次淘汰后都可能留下少量没有检测出来的感染鸡；二是雏鸡对横向感染比较易感。

86．对育雏阶段的隔离笼有什么技术要求？

这种隔离笼可以用金属网笼中间加隔板，也可以用砖砌或其他设计，关键要求是不同笼的雏鸡间不能直接接触，而且上层笼的鸡粪或排泄物不能落到下层笼。每个笼有独立的料槽和水槽。

87. 为什么选择6～8周龄做第一次采血分离病毒？

如果是垂直感染的雏鸡，很多都呈现持续性病毒血症，即不论什么年龄采血绝大多数个体都能检出病毒血症。但对于出壳后早期横向感染的雏鸡，一般来说要在感染1～2周后才逐渐呈现病毒血症，在6～8周龄期间呈现病毒血症的概率最高。通常，从育种角度，在这个时期也要根据生长性状淘汰一部分鸡，因此，可在淘汰部分鸡后采血分离病毒，再淘汰感染的阳性鸡及其同胞。这样也可减少育成期的费用。

88. 为什么要将6～8周龄后选留的鸡单笼饲养或小群饲养？

对于育种鸡群的核心群来说，6～8周龄后基本已开始单笼饲养，以便于进一步记录生长性状。如果这时还不是单笼饲养，则应该小群隔离饲养。即在育成期中将几个母鸡的后代混合成小群，如每群50只左右，并尽量使同一母鸡的后代置于一个小群中。同一个品系的鸡在一个鸡舍中分隔成许多小群饲养。在开产时，对所有留种鸡做检测，如果检测出阳性鸡，同一小群的鸡也同时淘汰。

89. 为什么选择开产初期采血分离病毒？

雏鸡出壳后早期感染ALV 1周左右可形成病毒血症并维持到6～8周龄，然后逐渐减弱。之后，开产是一个应激，又会激发病毒血症的发生，然后再逐渐减弱。因此，在开产初期采血分离病毒的检出率最高。如果在雏鸡或育雏阶段已开始检测净化，并对同胞单笼饲养，则对阳性鸡的同笼鸡全部淘汰。如果后备种鸡是小群饲养，同一小群中如有一只为阳性，淘汰该小群所有鸡。在净化的第一世代，在感染严重的鸡群，如果最后的阴性鸡数量太少，这一条可酌情处理，见后面的问题解答。

90. 为什么在留种前还要采血分离病毒？

由于多数感染鸡的病毒血症呈间隙性阳性，经1～2次采血分离ALV后，仍有漏检的可能性，因此在开始收集种蛋供孵化前2周采血分离病毒（病毒分离鉴定需10～11天），可减少感染鸡的漏检率，提高下一代的净化率。

91. 为什么在收集种蛋前还要检测蛋清（精液）p27抗原？

ALV感染鸡向蛋清（或精液）中排毒是间隙性的，开产初期蛋清的检测并不能把所有的排毒鸡都检测出来。因此，有必要在留种前再检测一次蛋清（或精液）中的p27。相对于其他周龄采样，在收集种蛋前采集蛋清或在准备给母鸡人工授精前采集精液样品检测p27，更能减少孵化留种的种蛋中带有病毒的概率。

92．如果核心群经过检测淘汰后，选留母鸡的数量不足以保持遗传多样性怎么办？

在感染严重的核心种鸡群，经第一轮检测淘汰后，很可能剩余的种鸡在数量上不能满足个体遗传多样性的育种原则，这时也要从严淘汰。但作为替代方案，我们将阳性鸡中遗传性状优秀的个体与阴性鸡完全隔离饲养。将从这些检测阳性的种鸡采集的种蛋再单独孵化，相应雏鸡按同样的净化程序单独隔离饲养，在由此长成的下一代育成鸡中仍可筛选出阴性鸡，然后再并入前一世代筛选出的同一品系阴性鸡群。在严重感染的核心群第一轮净化过程中有可能会遇到这种情况，我们用这种方法已有了成功的案例。

93．在上面检测净化步骤中，为什么没有提到血清抗体的检测？

在早期国外种鸡公司ALV净化程序中，有的公司把血清ALV抗体检测作为一项指标来淘汰感染鸡。但是根据我们过去十多年禽白血病研究的经验，ALV感染鸡后甚至是人工接种后，并不是所有鸡都会发生抗体反应，垂直感染的鸡大多数反而表现为终身没有抗体反应的免疫耐受性感染，在成年鸡感染后也有很高比例的鸡不发生抗体反应或抗体反应只持续很短一段时间，因此血清抗体的检测对净化意义不大。此外，现有的抗体检测试剂盒还有一定比例的假阳性反应，在有些品系鸡，这种假阳性的比例还相当高，因此，在净化过程中一般不将血清抗体作为检测指标。而且，抗体检测试剂盒的价格是p27抗原检测试剂盒的2倍，还要同时使用两种不同的抗体检测试剂盒，使其检测成本增加到4倍。另外，抗体阳性的母鸡往往不容易产生垂直感染。而有母源抗体的雏鸡，还可能对横向感染有一定抵抗力。因此，我们不建议在净化程序中把抗体检测作为一项指标。

94．如何确保细胞培养分离病毒结果的可靠性？

在ALV净化程序中，采血分离病毒是最重要的一种方法，同时通过细胞培养分离病毒是一种个人技术性非常强的检测方法。这里所说的可靠性是指能不能把应该是病毒血症的样品都检测出来。操作人员对细胞培养分离病毒不仅是会的问题，做得好还是一种艺术，只有做得熟练及好的操作“工匠”才能使病毒分离的结果更可靠。有两个方法来判断分离病毒技术的好坏：一是，在接种血浆样品后，细胞培养能否维持9天，如果维持不了9天，检出率肯定会打折扣，即会有漏检；二是，对同一批样品，让两个人同时独立操作，最后比较二人结果的吻合度。在一个实验室刚开始从事细胞培养分离病毒时，净化项目的总负责人必须用这个方法来判断病毒分离结果的可靠性。

95．为什么要保证细胞培养能维持到接种样品后9天？

因为ALV在细胞培养上生长复制很慢，没有足够多的天数，很多样品即使确实带有病毒，但其复制的量也达不到可检出的水平。我们做过比较试验，在接种不同稀释度的已知病毒后7、8、9天采集样品做p27检测，阳性率有明显差异。当然，我们也希望接种病毒后能再多培养几天，可能阳性率会更高一些，但是在9天后往往一些细胞孔的细胞单层开始脱落，这就无法检测了。但根据我们的经验，如果细胞培养做得好，一开始在每个孔中加入的细胞数量适当，则所有细胞孔在接种样品后都能维持9天。

96．在净化到一定程度，是否可以调整ELISA检测p27抗原时判定阳性的s/p值？

可以。实际上，每个厂家ELISA p27抗原检测试剂盒规定的判定阳性的s/p值都是根据大量样品数据统计计算出的概率确定的。即绝大多数高于s/p值标准的样品确实是阳性，而绝大多数低于s/p值标准的样品都确实是阴性。但实际上，还是有少量感染量低的样品的s/p值低于s/p值标准，少量实际没有ALV感染样品的s/p值却高于s/p值标准。另外，试剂盒说明书也表明，有些样品的s/p值略低于s/p值标准则判定为可疑。对于生产中净化实践来说，当净化达到一定水平时，如阳性率低于2%～3%时，为了减少漏检率（即提高净化的效果），净化工作的技术负责人完全可将淘汰的判定标准定得严一点。如有的试剂盒将s/p值0.2作为判定样品为阳性的标准。在所有检测数据汇总后，兽医技术专家可以与育种专家协商将确定要淘汰的s/p值定在0.15以上甚至0.1以上。即使在刚开始净化的鸡场，如果阳性率低于2%～3%，也可以这样做。我们的建议是，从一开始的记录就包括两个内容，一是按试剂盒规定的标准阳性率，二是实际执行的s/p值阳性标准和阳性淘汰率。因为在净化过程中，为了比较评估前后几年的净化效果，必须用同一个标准，即所用试剂盒说明书中规定的标准。

97．达到什么标准后原种鸡场核心群可以停止上述严格的净化检测程序？

实施上述完整的对核心群鸡逐一检测和淘汰的程序，工作量很大，成本很高。根据国外成功的经验，当一个核心群连续3个世代都检测不出ALV感染鸡后，就不需要继续对每只种鸡做多次检测，整个育种鸡群可转入净化状态的维持期。我国已有一个原种鸡场的重要核心群从全面严格检测转入净化的维持期。

98．种鸡场核心群进入净化维持期后该执行和实施哪些相关措施？

在进入维持期后，就不需再对每只后备种鸡按上述所有步骤检测，改为对一定比例（如从30%到10%再降至5%左右）种鸡和出壳雏鸡进行抽检。而且也不一定用细胞培养分离病毒，仅仅采用操作上比较简单的胎粪和蛋清p27抗原检测即可。但是，对于鸡只数量较少的种公鸡群来说，还是暂时鼓励全面检测。当然，在这方面我们只有对有限种鸡场的直接经验，还有待于今后逐渐摸索、改进。

99．暂时没有条件做细胞培养分离病毒的育种公司可以开展净化吗？

目前我国大多数自繁自养黄羽肉鸡或地方品种的种鸡群都已不同程度地感染了ALV-J和（或）其他亚群外源性ALV，有的已出现临床病理表现并造成明显经济损失。但大多数公司的规模和经济实力还不够大，可能无力承受该净化程序的成本和代价，更没有技术力量和条件做细胞培养分离病毒。这时可采用相对简化的检测淘汰程序作为过渡期。在这类种鸡场的核心群，可仅仅对出壳雏鸡胎粪及种蛋蛋清做p27抗原检测，或者只检测种鸡种蛋蛋清p27抗原。这可显著降低后代ALV的感染率，减少对后代的垂直传播和相应的经济损失。但这只是一种权宜之计，不能真正彻底净化鸡群。如果长期如此，也会被市场所淘汰的。因此，为长远着想，要逐步创造条件，建立起能做细胞培养的实验室。在此之前，也可通过有偿服务采集血浆后委托有能力的高校或科研所完成病毒分离。

100．祖代种鸡场如何预防控制禽白血病？

由于祖代鸡场要向客户种鸡场提供大量的父母代种，保证祖代鸡场无ALV感染也是极为重要的。祖代鸡的数量很大，很难实施一只一只鸡地检测淘汰，也没有必要。对祖代鸡场来说，只要做好引种前的检疫就可以了。如果从国内原种鸡场引种，可通过检测供应曾祖代鸡场的种蛋蛋清中的p27来判定其ALV净化程度。对进口的祖代鸡，只能在引进后观察了。万幸，目前蛋用型鸡和白羽肉鸡的跨国育种公司都已基本完成了ALV净化，他们还在持续对自己的鸡群实施年年抽检并监控净化状态的维持。此外，祖代鸡场也应该通过定期抽检种蛋蛋清p27随时监控是否有ALV感染。在开产初期可随机采集2%～3%的初产蛋检测p27，以后每隔1个月左右随机抽取1%的种蛋检测p27。如果阳性率高于1%，就要找出原因，并密切跟踪后代中有无发病的投诉。必要时可抽取血浆分离病毒。

101. 为什么要高度关注选用的弱毒疫苗中有无外源性ALV污染？

对于鸡群白血病防控来说，种鸡群应用的所有弱疫苗中绝不能有外源性ALV的污染。如果接种了被外源性ALV污染的疫苗，不仅感染的种鸡群有可能发生肿瘤或对生产性能有不良影响，更重要的是会造成一些带毒鸡，它们可将ALV垂直传播给后代，从而会在下一代雏鸡中诱发更高的感染率和发病率。特别是如果发生在核心种鸡群时，则危害更大。我们已在种鸡群特别是原种鸡群的净化及其持续监控上花费了很长的周期和很高的成本，一旦误用被外源性ALV污染的疫苗，将使种鸡群重新感染外源性ALV，使已在净化上所做的努力前功尽弃。

102. 需要特别关注哪些疫苗的外源性ALV的检测？

预防由于疫苗污染带来的ALV感染，应重点关注弱毒疫苗，尤其要关注用鸡胚或鸡胚来源的细胞作为原材料生产的疫苗。在疫苗的种类上，应高度关注雏鸡阶段特别是1日龄通过注射法（包括皮肤划刺）使用的疫苗，这是因为ALV感染对年龄和感染途径有很强的依赖性，年龄越小越易感，注射接种比其他途径易感。因此，为了防止使用被ALV污染的疫苗，首先需特别关注的是液氮保存的细胞结合型马立克氏病疫苗。这是因为，该疫苗是于出壳后在孵化厅立即注射，而且如果发生污染，也容易污染较大的有效感染量（包括细胞内和细胞外）。其次是通过皮肤划刺接种的禽痘疫苗。当然，其他弱毒疫苗也要关注。但这两种疫苗，外源性ALV污染带来的危害最大。

103. 如何检测疫苗中的外源性ALV污染？

有3种方法可用于检测ALV：细胞培养分离病毒法、核酸检测法和SPF鸡体接种法。

以上3种方法，以细胞培养分离病毒法最理想，其灵敏度和特异性好，而且结果的可重复性好。但是，对有些疫苗不太适合，如禽痘疫苗。即使用了高效抗血清进行中和反应，即使用0.22微米孔径滤膜过滤，也不能完全去掉禽痘疫苗病毒，少量的病毒复制很快造成细胞病变。这时，生长缓慢的ALV将会被完全掩盖，很难检测出来。而且，对于一个中小型育种公司来说，配备细胞培养的实验室和专门的技术人员，成本比较高。核酸检测法可用于各种疫苗，且检测周期较短，2～3天即可完成。但每个实验室采用的具体的操作方法和相关的引物还有待进一步标准化，它们的特异性及其灵敏度的可重复性，还有待用更多的野毒株来证明。SPF鸡的接种试验，技术相对简单，结果的可重复性可靠。但试验周期长，检测成本高。各个鸡场可根据自己的条件，从中做出选择。而且，对于ALV来说，没有哪个方法是绝对可靠的，选用两个以上的方法可以互补，大大提高可靠性。对于已净化或正在净化过程中的原种鸡场的核心群来说，更是建议选择两个方法同时进行，以最大限度减少单一方法不足可能带来的漏检。

104. 单一的PCR技术检测外源性ALV可靠吗？

不可靠。这几年许多实验室都用PCR来检测不同病料或疫苗中的ALV，并且仅根据在凝胶电泳中PCR（或RT-PCR）产物产生相应大小的条带就做出有白血病病毒感染的诊断意见，这是很不可靠的。笔者在过去十年的多次讲座中及编著的书中都反复强调这个观点。这主要是因为在几乎所有正常鸡的细胞基因组中都带有内源性ALV，很容易用不同序列作为引物扩增出来。这一点已经在教科书及《禽白血病》一书中做了详细解释，在前面的问题“13”中也做了相关解释。而且，PCR也常常扩增出不明序列，即非特异性的序列。在将PCR产物克隆后，对每个克隆测序，就经常会出现这种现象。这也是为什么前几年大家开始关注检测疫苗中的ALV污染时，一些实验室用PCR检测市场上的疫苗，几乎100%的是阳性。这一结论本身就说明它的不可靠性。PCR的优点是灵敏度高，但特异性不高，因此用其结果作为ALV污染的诊断依据是不可靠的。如果坚持采用PCR检测那还同时要对PCR或RT-PCR产物再做测序或用特异性核酸探针做分子杂交来验证其特异性。如果用测序法，则需要用PCR或RT-PCR在一次反应中扩增出包括完整*env*基因和相连的3’LTR特别是U3序列的大约2kb大小的片段，克隆后再进行测序。如果在一个独立克隆中的gp85和U3序列符合外源性ALV的序列，那基本可以做出正确的判断。山东农业大学家禽肿瘤病实验室已研发了分别针对外源性A～D亚群或J亚群特异的U3片段序列的RT-PCR引物及相应的核酸探针，证明其特异性和灵敏度都很好，已在2个大型育种鸡场的ALV净化过程中应用了多年。适合用于检测疫苗中的外源性ALV详细步骤可参考《禽白血病》一书，但这一技术对操作人员的技术要求较高，而且还有待持续改进。

105. 单纯的p27检测判定疫苗中有无外源性ALV污染可靠吗？

不可靠。就如在前面问题“63”中说明的，在几乎所有鸡的不同组织、细胞或分泌物中都可能带有由内源性ALV产生的p27抗原，因此在用鸡胚或鸡细胞制备的疫苗中就有很大可能检测出这种非特异性的p27。

106. 为了净化ALV，种鸡场建设和饲养管理方面还有什么特殊要求？

首先要符合常规疫病防控的生物安全标准。为了保证ALV净化程序有效实施，每个净化的鸡群应有独立的鸡舍，每个鸡群也要有独立的育雏室。其次要尽可能有一个专门用于种鸡核心群的孵化厅。如果不能做到这一点，那至少每个核心群的种蛋单独用一个孵化器孵化，不能与其他鸡群的种蛋在同一天共用一个孵化厅。

107. 在种鸡核心群连续净化过程中，每个世代种鸡病毒血症和蛋清p27阳性率平行下降吗？

理论上讲应该如此，实际上在大多数已实施净化措施多年的种鸡群，种鸡群病毒血症和蛋清p27阳性率确实是一代一代平行下降的。但是当几乎达到零检出时，这两个指标有时不一致。例如，某公司净化过程中，当某个品系核心群连续2代病毒血症完全呈阴性时，蛋清p27检测呈现较低的检出率。而另一个公司则相反，当不同品系核心群还能检出病毒血症时，蛋清p27检测已有2～3代完全阴性了。这可能与品种有关，即病毒在不同遗传背景鸡的生殖道维持长期局部感染的难易程度不一样。

108. 按照严格的检测净化方案，需要几个世代才能实现净化？

根据2010年以来执行上述严格检测净化步骤、实施净化程序的2个不同类型、规模较大的种鸡场核心群的净化经验，经过3～4世代连续净化，种鸡病毒血症和蛋清p27抗原阳性率可达0或几乎是0，但胎粪p27检测的阳性率仍在0.1%左右波动，这可能是一定程度的假阳性。即使在一开始阳性率很高的鸡群，如种鸡病毒分离率及蛋清p27检出率均为30%～50%的核心群，经过一个世代严格检测净化的全部步骤后，在下一个世代的每一阶段，检测阳性率都比前一世代显著下降，即阳性率从2位数至少降低到1位数，甚至1%以下。根据一个鸡场最近的检测报告，在原来感染率很高的4个不同品系核心群中，有3个核心群在经过3个世代连续净化后，抽检100多只种鸡，其病毒血症和蛋清p27阳性率都是零。另一个经过2个世代连续净化的核心群，阳性率也降低到0.6%，效果是非常明显的。

109．判断一个核心种鸡群是否实现净化需要参考哪些检测指标？

在净化过程中可根据病毒分离、蛋清p27检测和胎粪p27检测来淘汰感染鸡或判定鸡群是否达到ALV净化。其中，病毒分离是最准确、最可靠也最令人信服的指标，只要分离到病毒，表明这只（群）鸡就一定存在外源性ALV感染。由于内源性ALVp27的干扰，蛋清和胎粪p27检测会有假阳性，但假阳性率很低。实践证明，经连续几年彻底净化的鸡群，其蛋清和胎粪p27检测的阳性率完全可降低至0.5%～1%，甚至达到零。经过连续多个世代严格净化后，胎粪p27检测也会降低到0.5%～1%，甚至达到零。但与此相反，泄殖腔棉拭子p27和血清抗体检测的假阳性率较高，即使完成净化的有些鸡群也可能出现较高的阳性率。

110．为什么血清抗体检测不能作为判断鸡群实现ALV净化的指标？

近几年来的流行病学调查和净化鸡场的检测结果表明，血清抗体检测的假阳性率较高，有些鸡群可能出现很高的阳性率，与鸡群的临床表现和病毒分离及蛋清p27检测的结果差异太大。在2008—2011年期间的流行病学调查中，确实有些蛋用型鸡或白羽肉鸡的祖代鸡场，血清中ALV-A/B或ALV-J抗体检测呈现阴性，个别阳性率很低（1%左右），当时判断为个别样品的检测误差造成的。当时也发现，在我国大多数地方品种鸡或黄羽肉鸡鸡场血清抗体呈现阳性，有的阳性率很高，甚至达到60%～80%，当时没有考虑到试剂盒检测结果的假阳性问题，只是认为这些从来没有采取净化措施的鸡群确实被感染了。最近三年来各地多有反映，一些确认没有ALV感染的鸡群也出现了较高的ALV抗体阳性率，ALV的ELISA抗体检测试剂盒检测结果的假阳性就作为一个问题被提了出来。例如，蛋用型鸡或白羽肉鸡的进口祖代鸡群出现了ALV-A/B或ALV-J抗体的较高阳性率，但始终分离不到外源性ALV；又如，某些经过多个世代连续净化后不再能分离到外源性ALV的核心种鸡群，仍然出现一定比例个体的抗体阳性反应。显然，在不能解决现有的试剂盒假阳性问题的条件下，用血清抗体检测作为判断鸡群是否实现ALV净化的指标是不适当的。

111. 哪些因素可能诱发鸡群血清中出现较高ALV抗体的假阳性反应？

现有的技术还说不清楚造成某个特定鸡群血清ALV抗体假阳性反应的原因，推测有以下几种可能的原因：①某个特定鸡群或个体的遗传背景差异；②大量多次使用灭活疫苗，油乳剂的佐剂作用增强了机体对内源性ALVgp85蛋白的抗体反应；最近在某一鸡群的比较试验中，确实证明了多次使用灭活苗可显著提高鸡群对ALV抗体的阳性率；③ALV抗体检测ELISA试剂盒的不稳定性；④不同人员操作技术的差异造成检测结果的差异。

112. 为什么某些遗传背景的鸡群或个体会产生ALV抗体假阳性反应？

ALV抗体假阳性反应，是指某个鸡群（个体）并没有外源性ALV感染，但仍出现血清抗体反应。这是因为，某些遗传背景（品系）鸡，在某个生命时期，某种条件能引起其基因组中的内源性ALV-E表达量异常提高，并诱发产生能与外源性ALV发生交叉反应的血清抗体，这就可能干扰对外源性ALV抗体的检测，因为E亚群gp85与A/B亚群gp85仍有相当高的同源性。此外，在有些鸡的基因组上还存在着A亚群或J亚群gp85的基因片段，这也属于内源性ALV的成分。在基因组上的这些内源性ALV基因片段，在大多数情况下不会表达，当然也不会诱发抗体。即使表达，如果在胚胎期或雏鸡阶段免疫功能尚不成熟时表达，会产生免疫耐受性，内源性ALV在这些鸡也不会诱发抗体反应。但是，如果这些内源性ALV或其gp85基因在鸡免疫器官发育成熟后某个时期在某种生理、病理或其他因素激发下表达，则可诱发相应的抗体反应。因此，对一些认为是ALV净化的鸡群，当对血清抗体检测阳性率显著高于标准的检测结果有怀疑时，应该取血浆或蛋清样品接种DF1细胞，通过病毒分离鉴定来做最终判断。

113. 如何推测或判定血清ALV抗体的假阳性反应？

在一个按我们制订的程序严格实施ALV净化的鸡场，如果连续2年没有分离到外源性ALV，这时检测发现ALV血清抗体阳性反应就要怀疑是假阳性。特别是在分离不到病毒的同时蛋清p27检测阳性率低于1%时，如果有3%～5%甚至更高的抗体阳性率，更能显示抗体反应存在着假阳性反应。

114. ELISA检测鸡血清抗体呈现阳性，但间接免疫荧光分析（IFA）为阴性，如何判定？

对这个问题，很难简单地用一句话来回答。我们在几年前就曾选择30份ELISA阳性（不同滴度，从高到低）、阴性血清样品，比较ELISA和IFA的相关性。当以ALV-B亚群感染的DF1细胞做IFA时，ELISA检测的s/p值与IFA效价之间存在着高度正相关（r=0.97435；p<0.001）。当某些鸡由于内源性ALV或其gp85基因片段在成年鸡过量表达时，有可能诱发ALV抗体阳性反应，即一种不是由外源性ALV感染造成的假阳性反应。但是，对这种假阳性反应，不论是ELISA还是IFA都会显示出来。因此，如果出现ELISA检测阳性但IFA阴性的情况（假设IFA在操作技术上没有问题），这更大可能与ELISA检测技术原因有关，如检测过程中操作技术不当或ELISA抗体检测试剂盒在质量上有问题，而与内源性ALV表达无关。特别是当ELISA读数很高，但IFA还是阴性时，更可能是操作失误引起的，应该对相应血清样品用多个孔做重复试验。

115. ELISA检测鸡血清抗体呈现阴性，但免疫荧光分析（IFA）为阳性，如何判定？

如上一个问题中提到的，ELISA和IFA在检测血清ALV-A/B抗体时有很高的相关性。因此，在净化鸡群的评估中，即使ELISA检测鸡血清抗体阴性，但如果利用感染了ALV的DF1细胞做免疫荧光抗体反应为阳性，为严格净化要求起见，也可以判为这只鸡感染了外源性ALV，特别是当将血清稀释20倍以上还是呈阳性反应时。但是，如果仅1：（2～4）稀释血清呈IFA阳性反应，则不宜轻易下结论。此外，在判断IFA的阳性反应时要谨慎，应同时设立2～3个阴性反应的对照样品（未感染ALV的DFI细胞），否则也会出现假阳性的判断。

116. 当鸡群背景阳性率较高时如何制订净化程序？

在对一个育种公司的核心种鸡群开始实施ALV净化时，即使鸡群外源性ALV的感染率很高，也要按最严格的检测程序和标准选留阴性鸡单独隔离饲养。但同时应考虑到每个核心群的遗传多样性，每个核心群必须保持一个最低数量。在感染率较高的核心群，很可能在净化程序的第一世代，按严格的检测程序和标准淘汰阳性鸡后，选留的阴性鸡的数量达不到育种需要的最低数量。这时，可以对检测到的阳性鸡不予以全部淘汰，可以从中选择一定数量的生物学和生产性能比较优良的个体留存，但需要与已选留的阴性鸡隔离饲养。将这些应该淘汰但没有淘汰的种鸡的后代继续按严格程序检测淘汰，这时还可以从这些本该淘汰的种鸡的后代中继续选留出阴性鸡，并将这些阴性鸡与第一世代的阴性鸡合并饲养，以此满足育种的最低需要。这一方案，已在第一章中做了详细介绍。这样做不会降低净化的标准，只是增加了饲养管理上的难度。

117. 在中国最经济有效的净化方案有哪些？

对于自繁自养的原种核心群来说，最严格的检测净化方案是最经济的方案。因为如果能提前一个世代完成净化所产生的直接和间接经济效益要比晚一个世代完成净化高得多。这就要求按最严格的检测和淘汰程序实施净化、最大限度地降低每个净化世代的漏检率。相反，如果简化净化程序，一定会增大感染鸡的漏检率，导致净化所需的世代增加，由此带来的经济损失，要远远大于实施简化程序所能节省的人力和开支。

但对于祖代鸡来说，可以实施较简化的检测淘汰方案。例如，可以减少病毒分离的次数，甚至不做病毒分离，仅做种蛋的蛋清p27检测就可以了。

118. 如果鸡群净化效果已达到病毒分离阳性率小于0.5%，如何进一步做好净化？

对于核心群来说，即使只有小于0.5%的感染鸡被漏检，在下一个世代也会有放大效应，因此仍然还要实施最严格的检测和淘汰程序。通常，如果有3个世代连续分离不到病毒，则可转到维持阶段的检测程序，即从一只一只地全面检测转变为按一定比例抽检。我们对自繁自养育种鸡的核心群，必须从严。

119. 在一个核心种鸡群实现ALV净化后还需要继续检测吗？

当一个原种鸡场的核心群经过若干代的严格检测净化后，如果连续3年不能再分离到外源性ALV，就可以认为该核心种鸡群已实现了ALV的净化。对这样的核心群，要维持ALV净化状态，仍然需要继续监控ALV感染。但不必全面检测，只要实施抽检即可。第一年全群抽检30%样品，如果病毒分离全部为阴性，可进一步降低抽检的比例，如20%，甚至10%。但是对于公鸡群来说，由于数量较少，我们仍建议对所有留种公鸡都要从血液和精液分离病毒。在连续5年分离不到病毒后再实施抽检一定比例的公鸡，先30%，再降至10%。由于内源性ALV的干扰，不论胎粪还是蛋清中p27的检测都可能有一定的阳性率，如果在0.5%以下，这是可以接受的。当然，有些品系的鸡也可以达到零检出，这与不同品系鸡的遗传背景有关，不同的遗传背景会影响内源性ALV的表达。

图书在版编目（CIP）数据

种鸡场禽白血病净化技术手册 / 崔治中编著. — 北京：中国农业出版社，2018.4
ISBN 978-7-109-24022-3

Ⅰ. ①种… Ⅱ. ①崔… Ⅲ. ①鸡病 - 防治 - 手册 Ⅳ. ①S858.31-62

中国版本图书馆CIP数据核字（2018）第060232号

中国农业出版社出版
（北京市朝阳区麦子店街18号楼）
（邮政编码100125）
责任编辑　刘玮

中国农业出版社印刷厂印刷　新华书店北京发行所发行
2018年4月第 1 版　2018年4月北京第 1 次印刷

开本：700mm × 1000mm　1/16　印张：6.25　插页：6
字数：160千字
定价：36.00元